目　次

1. **電子回路素子** …………… 2
   - 1.1　半 導 体 …………………… 2
   - 1.2　ダイオード ………………… 4
   - 1.3　トランジスタ ……………… 9
   - 1.4　電界効果トランジスタ …… 14
   - 1.5　集 積 回 路 ………………… 18

2. **増幅回路の基礎** …………… 20
   - 2.1　簡単な増幅回路 …………… 20
   - 2.2　増幅回路の動作 …………… 24
   - 2.3　トランジスタの等価回路と
     その利用 ……………………… 31
   - 2.4　バイアス回路 ……………… 36
   - 2.5　増幅回路の特性変化 ……… 41

3. **いろいろな増幅回路** ……… 46

4. **演算増幅器** ………………… 53

5. **電力増幅・高周波増幅回路**
   …………… 59
   - 5.1　電力増幅回路 ……………… 59
   - 5.2　高周波増幅回路 …………… 65

6. **電力増幅回路の設計** ……… 67

7. **発 振 回 路** ………………… 71

8. **パ ル ス 回 路** ……………… 76

9. **変調・復調回路** …………… 81

10. **直流電源回路** ……………… 85

ステップの解答 ………………… 89

1 電子回路素子

1.1 半　導　体

トレーニングのポイント

① **半導体材料**　シリコン Si やゲルマニウム Ge などの物質
　（1）抵抗率が絶縁体と導体の中間である。
　（2）抵抗値の温度係数が負である。

② **半導体の種類（表1.1）**

表1.1

名　称	特　　徴	多数キャリヤ	少数キャリヤ
真性半導体	純度が非常に高い	自由電子と正孔は同数	
n形半導体	真性半導体にドナーを加えたもの	自由電子	正孔
p形半導体	真性半導体にアクセプタを加えたもの	正孔	自由電子

③ **半導体の性質**
　（1）**ドリフト**　電界の向き（電圧を加えた方向）に電流が流れる。
　（2）**拡　散**　濃度の高い部分から低い部分にキャリヤが移動する。
　（3）**pn 接合**　接合面においてキャリヤが移動し，空乏層ができる。

◆◆◆◆◆ **ステップ　1** ◆◆◆◆◆

例題 1

つぎの物質を絶縁体，半導体，導体に分類しなさい。

　　ゴム　　銀　　ゲルマニウム　　プラスチック　　銅　　シリコン

解答

絶縁体　ゴム，プラスチック　　半導体　ゲルマニウム，シリコン　　導体　銀，銅

■**1**　つぎの文の（　）に適切な語句や記号，数値を入れなさい。

　（1）半導体となる物質は（　　）①や（　　）②である。これらの物質は，
　　　（　　）③が絶縁体と導体の中間で，抵抗の温度係数が（　　）④といった特徴がある。
　（2）純度がきわめて高い半導体が（　　）①で，これに価電子が（　　）②個の

（　　　）③といわれる不純物を加えたものがn形半導体，価電子が（　　　）④個の（　　　）⑤といわれる不純物を加えたものがp形半導体である。

（3）キャリヤとは半導体において（　　　）①を流す担い手となるもので，このうち正（＋）の電荷を持つものが（　　　）②，負（－）の電荷を持つものが（　　　）③である。なお，（　　　）④とは（　　　）⑤が抜けた穴である。また，n形半導体の多数キャリヤは（　　　）⑥，少数キャリヤは（　　　）⑦で，p形半導体の多数キャリヤは（　　　）⑧，少数キャリヤは（　　　）⑨である。

（4）半導体に電界を加えると，電界の向きに電流が流れる現象を（　　　）①という。また，キャリヤの濃度が高い部分から低い部分に向かって移動する現象を（　　　）②という。なお，p形半導体とn形半導体の領域が接している状態を（　　　）③といい，キャリヤの移動が起きてキャリヤがほとんど存在しなくなった領域を（　　　）④という。

◆◆◆◆◆ ステップ 2 ◆◆◆◆◆

□ **1** つぎの物質を真性半導体，n形半導体，p形半導体に分類しなさい。
① 純粋なSi　② Geにアクセプタを加えたもの　③ Siにドナーを加えたもの
④ Geにドナーを加えたもの　⑤ 純粋なGe　⑥ Siにアクセプタを加えたもの

[答] 真性半導体＿＿＿＿＿　n形半導体＿＿＿＿＿　p形半導体＿＿＿＿＿

1.2 ダイオード

> **トレーニングのポイント**

① **構造と働き**　半導体の pn 接合によって作られる（**図 1.1**）。

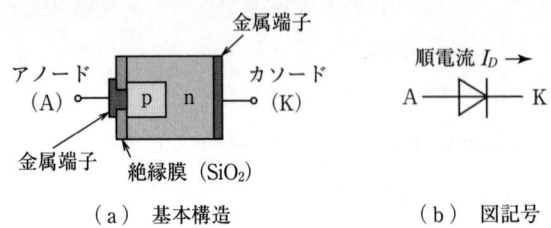

（a）基本構造　　　（b）図記号

図 1.1

（1）順方向（A → K）に電流が流れる（整流作用）。

（2）逆方向（K → A）には，ほとんど電流が流れない。

（3）理想的なダイオード　順方向の抵抗値は 0，逆方向の抵抗値は ∞。

② **特性と定格**　順方向特性と逆方向特性がある（**図 1.2**）。

（1）V_D が一定の大きさ（Si の場合約 0.6 V）を超えると I_D が流れ出す。

$$I_D = \frac{E - V_D}{R} \,\text{[A]}$$

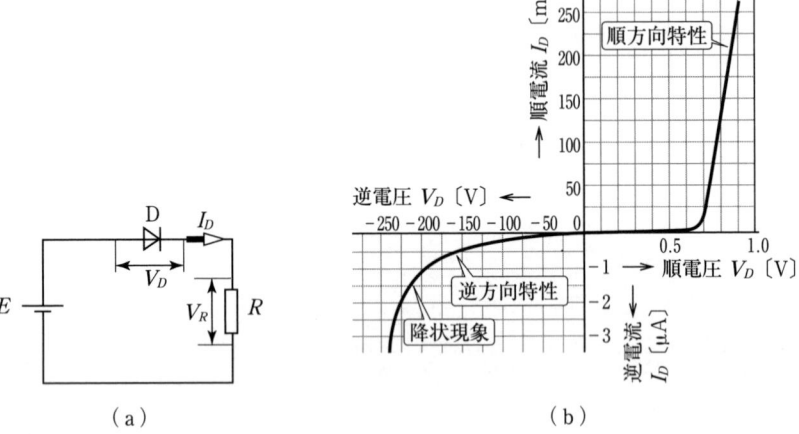

（a）　　　　　　　　　　（b）

図 1.2

（2）定格を超える逆電圧を加えると，逆電流が流れ出してしまう（降伏現象）。

③ **その他のダイオード**　定電圧ダイオード（ツェナーダイオード），可変容量ダイオード（バラクタダイオード），発光ダイオード（LED），ホトダイオード，レーザダイオードなど。

◆◆◆◆◆ ステップ 1 ◆◆◆◆◆

1 つぎの文の（　　）に適切な語句や記号，数値を入れなさい。

(1) ダイオードが持つ，一定の方向にだけ電流を流す働きを（　　）①という。ダイオードは半導体の（　　）②によって作られ，（　　）③から（　　）④に電流が流れる。これを順方向という。また，（　　）⑤から（　　）⑥には，ほとんど電流を流さない。これを逆方向という。理想的なダイオードでは，順方向の抵抗値を（　　）⑦，逆方向の抵抗値を（　　）⑧と考えることができる。

(2) ダイオードに順電流を流すには，ある一定の大きさを超える（　　）①が必要となる。また，定格を超える（　　）②を加えると逆電流が流れ出す。これを（　　）③という。

(3) ダイオードのうち，一定の大きさの逆電圧を取り出せるものが（　　）①である。また，空乏層によって静電容量を可変できるものが（　　）②である。順電流を流すと可視光を発するものが（　　）③で，レーザ光を発するものが（　　）④である。なお，光を当てると逆電流が流れるものが（　　）⑤である。

◆◆◆◆◆ ステップ 2 ◆◆◆◆◆

例題 2

図1.2（a）の回路について，$E=5\,\text{V}$，$V_D=0.85\,\text{V}$，$R=180\,\Omega$ である場合の順電流 $I_D\,[\text{mA}]$ とダイオードが消費する電力 $P_D\,[\text{mW}]$ を求めなさい。

解答

$$I_D = \frac{E-V_D}{R} = \frac{5-0.85}{180} = 23.1 \times 10^{-3}\,\text{A} = 23.1\,\text{mA}$$

$$P_D = V_D I_D = 0.85 \times 23.1 = 19.6\,\text{mW}$$

例題 3

図1.3（a），（b）の特性のダイオードがある。このダイオードに関してつぎの問に答えなさい。

(1) 順電圧 $V_D=0.75\,\text{V}$ を加えたときに流れる順電流 $I_D\,[\text{mA}]$ はいくらか。

(2) 逆電圧 $V_D=-60\,\text{V}$ を加えたときに流れる逆電流 $I_R\,[\mu\text{A}]$ はいくらか。

(3) このダイオードで図1.3（c）の回路を作ったときに流れる順電流 $I_D\,[\text{mA}]$ はいくらか。つぎの三つの場合についてそれぞれ求めなさい。ただし，$E=3\,\text{V}$，$R=30\,\Omega$ とする。

① 理想的なダイオードとしたとき

② ダイオードの順電圧を $V_D=0.85\,\text{V}$ と仮定したとき

③ 実際の特性図から求めるとき

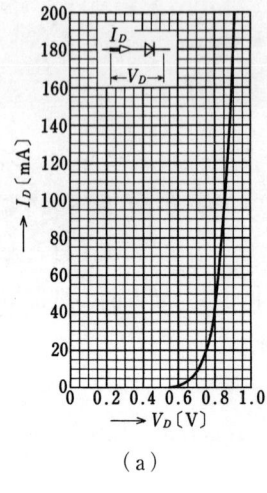
(a)

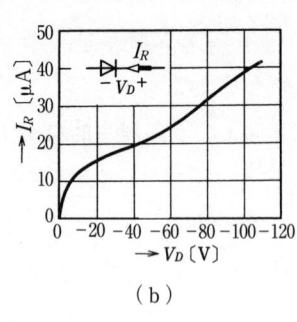
(b)

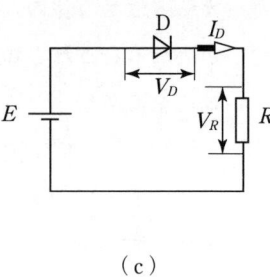
(c)

図 1.3

【解答】

(1) 図(a)の特性図から，$I_D = 20$ mA

(2) 図(b)の特性図から，$I_R = 25$ μA

(3) ① 理想的なダイオードの抵抗値が 0 であることから，$V_D = 0$ V と考える．したがって

$$I_D = \frac{E - V_D}{R} = \frac{3 - 0}{30} = 100 \times 10^{-3} \text{ A} = 100 \text{ mA}$$

② $I_D = \frac{E - V_D}{R} = \frac{3 - 0.85}{30} = 71.7 \times 10^{-3}$ A $= 71.7$ mA

③ $I_D = \frac{E - V_D}{R}$ を変形すれば，$I_D = -\frac{1}{R}V_D + \frac{E}{R}$ となる．したがって

$$I_D = -\frac{1}{30}V_D + \frac{3}{30} = -\frac{1}{30}V_D + 0.1 \text{ [A]}$$

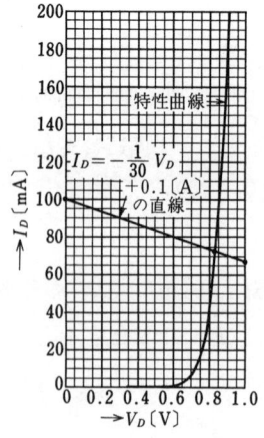

図 1.4

1.2 ダイオード 7

この式を特性図上に書き込むと，図 1.4 のような負荷線となる。この負荷線と特性曲線との交点から，$I_D = 73\,\text{mA}$ である。

□ **1** 図 1.5 の回路について，ダイオードに流す電流を $I_D = 15\,\text{mA}$ としたい。このとき，$R\,[\Omega]$ の値はいくらにすればよいか求めなさい。ただし，$E = 3\,\text{V}$，$V_D = 0.8\,\text{V}$ とする。

ヒント！
$I_D = \dfrac{E - V_D}{R}$ から
$R = \dfrac{E - V_D}{I_D}$

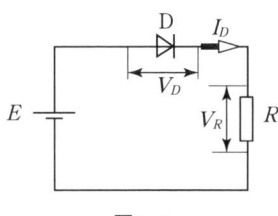

図 1.5

〔答〕 $R = $ _____

□ **2** 図 1.6 (a) の特性のダイオードがある。このダイオードに関してつぎの問に答えなさい。

ヒント！
例題を参考に解いてみよう。

(1) 順電圧 $V_D = 0.65\,\text{V}$ を加えたときに流れる順電流 $I_D\,[\text{mA}]$ はいくらか。

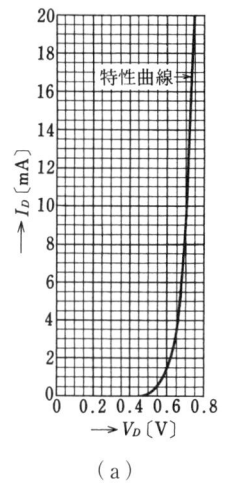

(a)

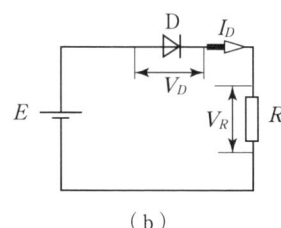

(b)

図 1.6

〔答〕 $I_D = $ _____

(2) このダイオードで図 1.6 (b) の回路を作ったときに流れる順電流 $I_D\,[\text{mA}]$ はいくらか。つぎの三つの場合についてそれぞれ求めなさい。ただし，$E = 8\,\text{V}$，$R = 800\,\Omega$ とする。

1. 電子回路素子

① 理想的なダイオードとしたとき

答 $I_D =$ _____

② ダイオードの順電圧を $V_D = 0.7\,\mathrm{V}$ と仮定したとき

答 $I_D =$ _____

③ 実際の特性図から求めるとき

答 $I_D =$ _____

□ **3** 図1.5の回路について，$E = 3\,\mathrm{V}$ を加えたら $I_D = 20\,\mathrm{mA}$ が流れ，$E = 5\,\mathrm{V}$ を加えたら $I_D = 40\,\mathrm{mA}$ が流れた。抵抗 $R\,[\Omega]$ を求めなさい。ただし，$I_D = 20\,\mathrm{mA}$ の V_D と $I_D = 40\,\mathrm{mA}$ の V_D は同じ値とする。

ヒント！
$I_D = \dfrac{E - V_D}{R}$ から
$V_D = E - RI_D$
二つの式から連立方程式を解く。

答 $R =$ _____

1.3 トランジスタ

トレーニングのポイント

① **構造と働き**　ベース（B），コレクタ（C），エミッタ（E）の端子がある（**図 1.7**）。

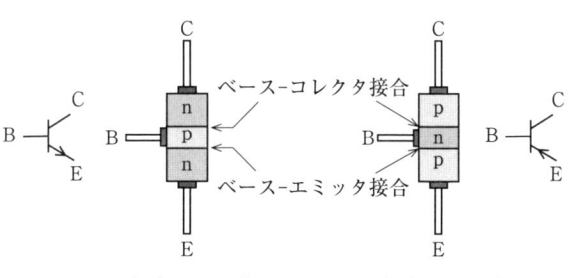

（a）npn 形　　（b）pnp 形

図 1.7

(1) 増幅作用やスイッチング作用を持つ。
(2) h_{FE}（直流電流増幅率）$= \dfrac{I_C}{I_B}$
(3) $I_E = I_C + I_B$〔A〕，ただし $I_C \gg I_B$ から，$I_E \fallingdotseq I_C$

② **特性と定格**（**図 1.8**）

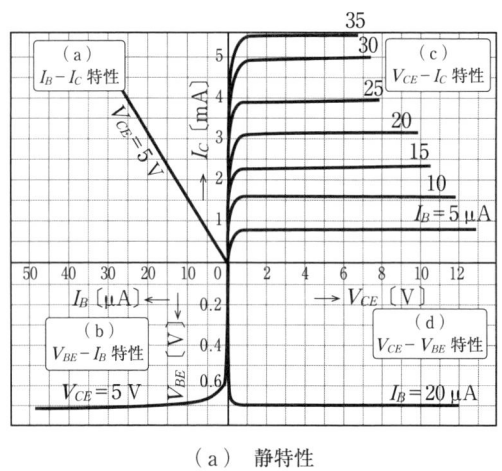
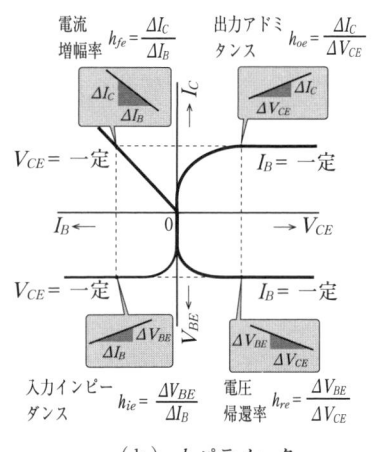

（a）静特性　　　　　　　　　　（b）h パラメータ

図 1.8

(1) **静特性**　直流電圧を加えた場合における電圧や電流の関係
（a）I_B-I_C 特性（電流伝達特性）　（b）V_{BE}-I_B 特性（入力特性）
（c）V_{CE}-I_C 特性（出力特性）　　（d）V_{CE}-V_{BE} 特性（電圧帰還特性）

（**2**）**h パラメータ**　　交流電圧を加えた場合における電圧や電流の関係を示した値

（a）　電流増幅率 $h_{fe} = \dfrac{\Delta I_C}{\Delta I_B}$　　　　　（b）　入力インピーダンス $h_{ie} = \dfrac{\Delta V_{BE}}{\Delta I_B}$ 〔Ω〕

（c）　出力アドミタンス $h_{oe} = \dfrac{\Delta I_C}{\Delta V_{CE}}$ 〔S〕　（d）　電圧帰還率 $h_{re} = \dfrac{\Delta V_{BE}}{\Delta V_{CE}}$

（**3**）**最大定格**　　V_{CEO} や I_{Cm}，コレクタ損 P_{Cm} などの値を超えないように用いる。

◆◆◆◆◆ ステップ 1 ◆◆◆◆◆

□ **1** つぎの文の（　）に適切な語句や記号，数値を入れなさい。

（1）　トランジスタの性質のうち，（　　　）①とは小さな振幅の信号を大きな振幅の信号にして取り出すことで，（　　　）②とは小さな電流の ON，OFF により，大きな電流や電圧の ON，OFF を行うことである。

（2）　トランジスタにおいて，ベース電流と（　　）①電流の和は（　　）②電流となる。ただし，コレクタ電流に比べて（　　）③電流が非常に小さいことから，エミッタ電流と（　　）④電流は等しいとみなすことができる。なお，$\dfrac{（\quad）^{⑤}電流}{（\quad）^{⑥}電流}$ の値は h_{FE} または（　　　）⑦といわれる。

（3）　トランジスタの（　　）①とは，直流電圧を加えた場合における電圧や電流の関係を示したもので，I_B-I_C 特性は（　　）②特性，V_{BE}-I_B 特性は（　　）③特性，V_{CE}-I_C 特性は（　　）④特性，V_{CE}-V_{BE} 特性は（　　）⑤特性といわれる。

（4）　トランジスタの（　　　）①とは，交流電圧を加えた場合における電圧や電流の関係を示した値のことで，h_{fe} は（　　）②，h_{ie} は（　　　）③，h_{oe} は（　　　）④，h_{re} は（　　）⑤である。

◆◆◆◆◆ ステップ 2 ◆◆◆◆◆

例題 4

図 1.9 の特性のトランジスタについて，つぎの問に答えなさい。

（1）　$V_{CE}=4\,\mathrm{V}$，$I_B=16\,\mathrm{\mu A}$ のとき，I_C〔mA〕はいくらか。

（2）　$V_{CE}=4\,\mathrm{V}$，$V_{BE}=0.6\,\mathrm{V}$ のとき，I_C〔mA〕はいくらか。

（3）　$V_{CE}=4\,\mathrm{V}$，$I_C=4\,\mathrm{mA}$ での h_{FE} はいくらか。

解答

（1）　図（b）の特性図より，$I_C=3.2\,\mathrm{mA}$ である。

（2）　図（a）の特性図より，$I_B=17.5\,\mathrm{\mu A}$ である。対応する I_B の値を図（b）の特性図から読めば，

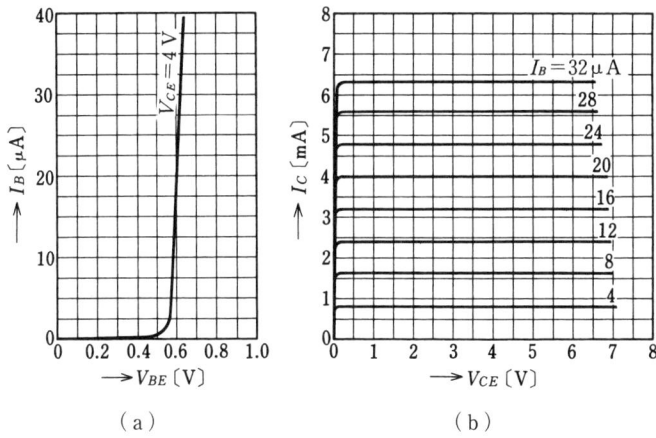

図1.9

$I_C = 3.5\,\mathrm{mA}$ である。

(3) 図(b)の特性図より,$I_B = 20\,\mu\mathrm{A}$ である。したがって,$h_{FE} = \dfrac{I_C}{I_B} = \dfrac{4 \times 10^{-3}}{20 \times 10^{-6}} = 200$ である。

例題 5

図 1.10 の回路について,つぎの値を求めなさい。ただし,$E_1 = 5\,\mathrm{V}$,$E_2 = 8\,\mathrm{V}$,$R_1 = 300\,\mathrm{k\Omega}$,$R_2 = 2\,\mathrm{k\Omega}$,$V_{BE} = 0.7\,\mathrm{V}$,$h_{FE} = 120$ とする。

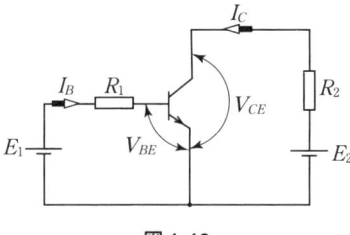

図 1.10

(1) ベース電流 I_B 〔μA〕
(2) コレクタ電流 I_C 〔mA〕
(3) コレクタ-エミッタ間電圧 V_{CE} 〔V〕
(4) コレクタ損 P_C 〔mW〕

解答

(1) $I_B = \dfrac{E_1 - V_{BE}}{R_1} = \dfrac{5 - 0.7}{300 \times 10^3} = 14.2 \times 10^{-6}\,\mathrm{A} = 14.3\,\mu\mathrm{A}$

(2) $h_{FE} = \dfrac{I_C}{I_B}$ から,$I_C = h_{FE} I_B = 120 \times 14.3 \times 10^{-6} = 1.72 \times 10^{-3}\,\mathrm{A} = 1.72\,\mathrm{mA}$

(3) $V_{CE} = E_2 - R_2 I_C = 8 - 2 \times 10^3 \times 1.72 \times 10^{-3} = 4.56\,\mathrm{V}$

(4) $P_C = V_{CE} I_C = 4.56 \times 1.72 \times 10^{-3} = 7.84 \times 10^{-3}\,\mathrm{W} = 7.84\,\mathrm{mW}$

■❶ 図1.11の特性のトランジスタについて，つぎの問に答えなさい。

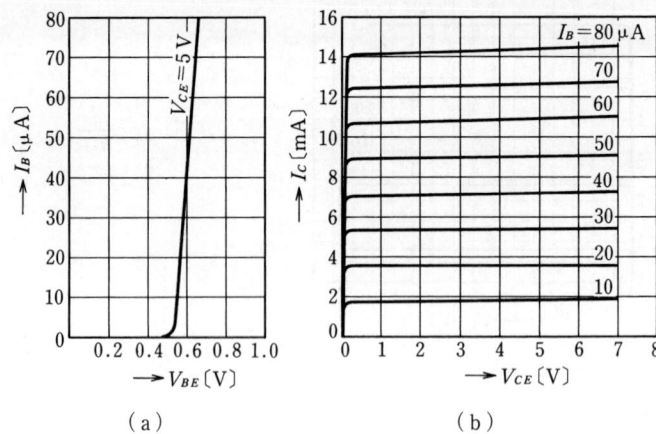

図1.11

(1) $V_{CE}=5$ V，$I_C=9$ mA のとき，I_B〔μA〕はいくらか。

ヒント！
特性(b)からI_Bを読む。

答 $I_B=$ _____

(2) $V_{CE}=5$ V，$V_{BE}=0.6$ V のとき，I_B〔μA〕，I_C〔mA〕，h_{FE}はいくらか。

ヒント！
特性(a)からI_Bを読み，そのI_Bに対応したI_Cを特性(b)から読む。
$$h_{FE}=\frac{I_C}{I_B}$$

答 $I_B=$ _____ $I_C=$ _____ $h_{FE}=$ _____

■❷ 図1.12の回路について，つぎの値を求めなさい。ただし，$E_1=4$ V，$E_2=9$ V，$R_1=200$ kΩ，$R_2=1.5$ kΩ，$V_{CE}=5$ V，$h_{FE}=160$ とする。

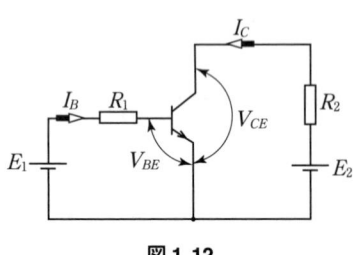

図1.12

1.3 トランジスタ　13

（1）コレクタ電流 I_C 〔mA〕

ヒント！

$I_C = \dfrac{E_2 - V_{CE}}{R_2}$

$h_{FE} = \dfrac{I_C}{I_B}$ から

$I_B = \dfrac{I_C}{h_{FE}}$

〔答〕 $I_C =$ _____

$V_{BE} = E_1 - R_1 I_B$
$P_C = V_{CE} I_C$

（2）ベース電流 I_B 〔μA〕

〔答〕 $I_B =$ _____

（3）ベース-エミッタ間電圧 V_{BE} 〔V〕

〔答〕 $V_{BE} =$ _____

（4）コレクタ損 P_C 〔mW〕

〔答〕 $P_C =$ _____

1.4 電界効果トランジスタ

トレーニングのポイント

① **構造と働き**　ゲート（G），ドレーン（D），ソース（S）の端子がある（**表1.2**）。

表1.2

	接合形		MOS形	
	pチャネル形	nチャネル形	pチャネル形	nチャネル形
構造図	D[n/p]S n：n形半導体 p：p形半導体	D[p/n]S	D[p/n/p]S（金属, SiO₂）B	D[n/p/n]S（金属, SiO₂）B
電極名	D：ドレーン	S：ソース	G：ゲート	B：バックゲート
図記号	G→D/S	G→D/S	G⊢D/B/S	G⊢D/B/S

MOS形の図記号はデプレション形で，バックゲート（基板，サブストレート）接続引出しの場合を示す。バックゲート接続のない場合はBの線を内側に縮める。

（1）　接合形と MOS 形に分けられ，それぞれ n チャネル形と p チャネル形がある。

（2）　FET は電圧制御形のユニポーラトランジスタで，前節のトランジスタは電流制御形のバイポーラトランジスタである。

② **特性と定格**（図1.13）

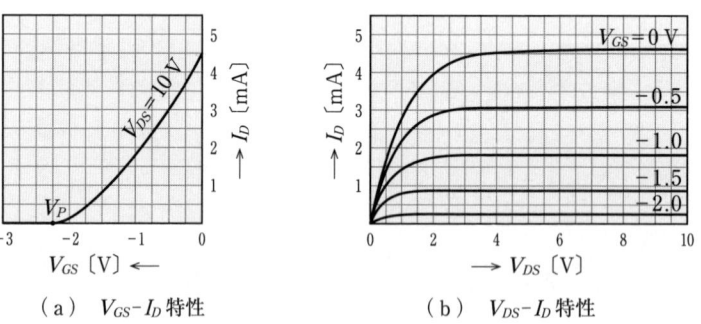

（a）　V_{GS}-I_D 特性　　　　　（b）　V_{DS}-I_D 特性

図1.13

（1）**静特性**　　（a）V_{GS}-I_D 特性（伝達特性）　　（b）V_{DS}-I_D 特性（出力特性）

（2）**相互コンダクタンス**　　FET において増幅の目安となる値

$$g_m = \frac{\Delta I_D}{\Delta V_{GS}} \ [\mathrm{S}]$$

（3） **最大定格** V_{GDS} や I_G, 許容損失 P_D などの値を超えないように用いる。

③ **絶縁ゲート形（MOS形）FET**

（1） **エンハンスメント形** V_{GS} を大きくすることによって I_D を増加させる。

（2） **デプレション形** V_{GS} を大きくすることによって I_D を減少させる。

◆◆◆◆◆ ステップ 1 ◆◆◆◆◆

1 つぎの文の（　）に適切な語句や記号，数値を入れなさい。

（1） FETとは（　　　　　）①のことで，トランジスタが（　　　　）②電流で（　　　　）③電流を制御する電流制御形であるのに対して，FETは（　　　　）④電圧で（　　　　）⑤電流を制御する電圧制御形である。また，トランジスタが2種類のキャリヤの働きを利用して動作することから（　　　　　　）⑥トランジスタといわれるのに対して，FETは1種類のキャリヤの働きだけで動作することから（　　　　　　）⑦トランジスタといわれる。

（2） FETにおける静特性には，V_{GS}-I_D 特性である（　　　　　）①特性と V_{DS}-I_D 特性である（　　　　　）②特性がある。なお，FETにおいて増幅の目安となる値を（　　　　　　）③という。

（3） 絶縁ゲート形（MOS形）FETには，V_{GS} を大きくすることによって I_D を増加させる（　　　　　　）①と，V_{GS} を大きくすることによって I_D を減少させる（　　　　　　）②がある。

◆◆◆◆◆ ステップ 2 ◆◆◆◆◆

例題 6

$g_m = 1.5\,\mathrm{mS}$ のFETでは，V_{GS} が0.4 V 変化すると I_D〔mA〕はいくら変化するか。

解答

$g_m = \dfrac{\Delta I_D}{\Delta V_{GS}}$ から，$\Delta I_D = g_m \Delta V_{GS} = 1.5 \times 0.4 = 0.6\,\mathrm{mA}$

例題 7

図1.14（a）の回路について，I_D〔mA〕と V_{DS}〔V〕を求めなさい。ただし，$E_1 = 0.6\,\mathrm{V}$，$E_2 = 12\,\mathrm{V}$，$R = 4\,\mathrm{k\Omega}$，特性は図（b）とする。

16　1. 電子回路素子

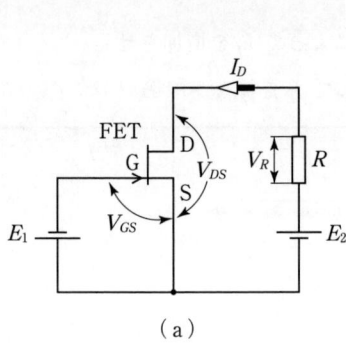
(a)

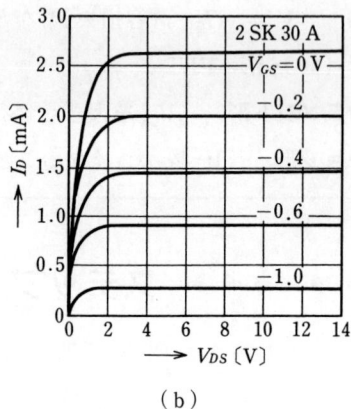
(b)

図 1.14

解答

$E_2 = V_R + V_{DS} = RI_D + V_{DS}$ から，$I_D = \dfrac{E_2 - V_{DS}}{R} = -\dfrac{1}{R}V_{DS} + \dfrac{E_2}{R}$ [A]

したがって

$$I_D = -\dfrac{1}{4}V_{DS} + 3 \ [\text{mA}]$$

この式を特性図に書き入れると，**図 1.15** のような負荷線となる。

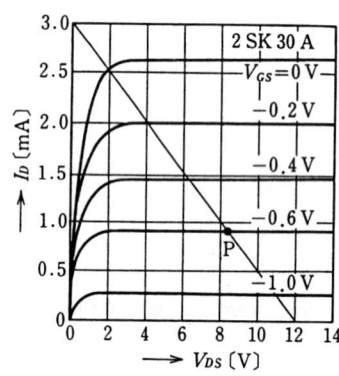

図 1.15

$V_{GS} = -E_1 = -0.6\,\text{V}$ との交点 K より，$I_D = 0.9\,\text{mA}$，$V_{DS} = 8.3\,\text{V}$ となる。

□❶ $g_m = 2.4\,\text{mS}$ の FET では，I_D が $1.2\,\text{mA}$ 変化すると V_{GS} [V] はいくら変化するか。

ヒント！
$g_m = \dfrac{\Delta I_D}{\Delta V_{GS}}$
から
$\Delta V_{GS} = \dfrac{\Delta I_D}{g_m}$

答　$V_{GS} = $ _____

❷ 図 1.16（a）の回路について，つぎの問に答えなさい。ただし，$E_2 = 10\,\text{V}$，$R = 2\,\text{k}\Omega$，特性は図（b）とする。

ヒント！
例題を参考に解いてみよう。

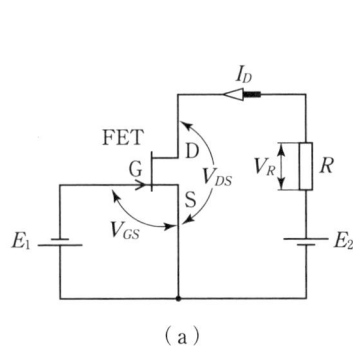
（a）

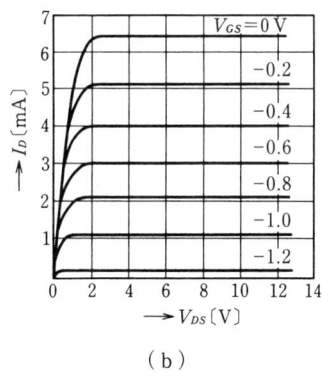
（b）

図 1.16

（1） $E_1 = 0.4\,\text{V}$ の場合の $I_D\,[\text{mA}]$ と $V_{DS}\,[\text{V}]$ を求めなさい。

〔答〕 $I_D =$ 4 mA $V_{DS} =$ 2 V

（2） $E_1 = 0.8\,\text{V}$ の場合の $I_D\,[\text{mA}]$ と $V_{DS}\,[\text{V}]$ を求めなさい。

〔答〕 $I_D =$ 2 mA $V_{DS} =$ 6 V

1.5 集積回路

> **トレーニングのポイント**
>
> ① **特徴と分類**　半導体素子や部品を一つのチップの中に組み込んで配線したもの。
> （1）個別の素子で製作した回路と比較すると，回路の小形化や軽量化ができ，動作の信頼性が高いなどの特徴がある。
> （2）基板の構成や集積度，外形の違いなどによって分類される。
>
> ② **ディジタルICの動作**
> （1）TTLとC-MOSに分けられる。
> （2）電圧レベル（ノイズマージン）や電流レベル（ファンアウト，シンク電流やソース電流など）の限界に注意して用いる。

◆◆◆◆◆◆ ステップ　1 ◆◆◆◆◆◆

1 つぎの文の（　）に適切な語句や記号，数値を入れなさい。

（1）ICとは（　　　）①の略で，このうち，基板と一体構造で回路が構成されているものが（　　　）②ICで，基板に小形部品を搭載して回路が構成されているものが（　　　）③ICである。

（2）ディジタルICは構成される（　　　）①の種類によってTTLとC-MOSに分けられる。このうち，FETなどのユニポーラトランジスタで構成されているものが（　　　）②で，バイポーラトランジスタで構成されているものが（　　　）③である。また，消費電力は大きいが高速に動作するものが（　　　）④で，消費電力が少なく雑音に強いものが（　　　）⑤である。

◆◆◆◆◆◆ ステップ　2 ◆◆◆◆◆◆

例題　8

表1.3はICを集積度別に分類したものである。当てはまる名称を入れなさい。

表1.3

（1）素子が約100以下	（2）素子が約100〜1000	（3）素子が約1000〜100000	（4）素子が約100000以上

1.5 集積回路

[解答]
(1) SSI (2) MSI (3) LSI (4) VLSI

[例題] 9

電圧レベルがHである場合の入力電流が $I_{IH}=40\,\mu\text{A}$ で，出力電流が $I_{OH}=300\,\mu\text{A}$ のディジタルICを用いて論理回路を設計したい。出力に接続できる論理素子の数を求めなさい。

[解答]

$$N = \frac{I_{OH}}{I_{IH}} = \frac{300}{40} = 7.5 \quad \text{したがって，} N=7\text{個}$$

① 表 1.4 は IC を外形の違いで分類したものである。当てはまる名称を入れなさい。

表 1.4

(1) プリント基板に直付けするタイプ	(2) 片側だけにピンがあるタイプ	(3) トランジスタと同じような外形	(4) 両側にピンをもつタイプ

② ある制御用 IC は，電源電圧 5 V で動作し，ピンの数が 8 個の出力ポートを持つ。この出力ポートに一つずつ LED をつないで点滅制御したい。LED に接続する抵抗 $R\,[\Omega]$ の最小値（E 24 系列）を求めなさい。なお，出力ポート全体のソース電流は $I_{sm}=80\,\text{mA}$ 以上にならないものとし，LED の順電圧は $V_D=1.8\,\text{V}$ とする。

[答] $R=$ _____

2 増幅回路の基礎

2.1 簡単な増幅回路

トレーニングのポイント

① **基本となる増幅回路**（図 2.1）

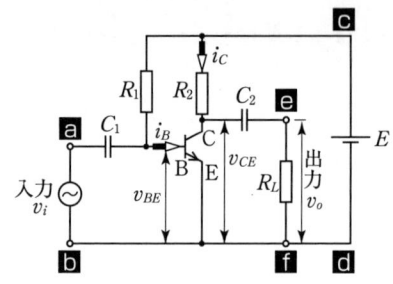

- **a b** は交流の信号電圧を加える入力端子
- **e f** は増幅された出力電圧が得られる端子
- **c d** は回路を働かせる直流電源端子
- R_L は負荷抵抗

図 2.1

② **増幅の過程**（図 2.2）

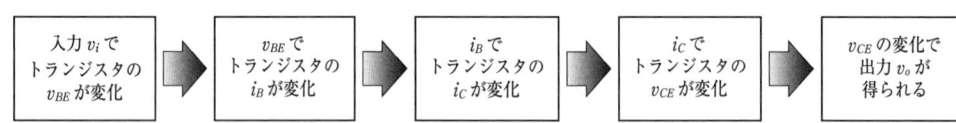

図 2.2　増幅されるまでの信号の流れ

③ **直流回路（バイアス回路）と交流回路**（図 2.3）

　増幅回路の動作は，**直流回路（バイアス回路）** と **交流回路** に分けて考える。直流回路を描くには，コンデンサは直流を通さないのでコンデンサの部分で回路が切れていると考える。交流回路は，直流電源は交流を通すので短絡し，コンデンサは信号周波数においてインピーダンスは十分小さいので短絡して考える。

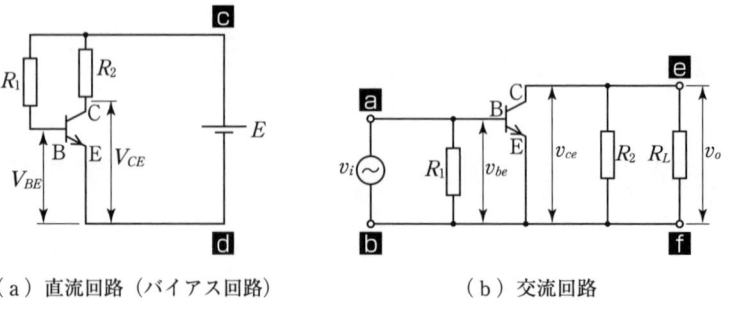

（a）直流回路（バイアス回路）　　　（b）交流回路

図 2.3

◆◆◆◆◆ ステップ 1 ◆◆◆◆◆

1 つぎの文の（ ）に適切な語句を入れなさい。

(1) 小さな信号をトランジスタや FET を使って，（ ）①の大きな信号にすることを（ ）②という。（ ）②回路は，（ ）③信号に（ ）④分を加えて（ ）④電圧が変化する信号にすることで動作する。

(2) トランジスタが動作するために必要な直流の電圧と電流を（ ）①といい，（ ）①がどのように与えられているか考える回路を（ ）②または（ ）③という。

(3) 交流の入力信号がどのように変化するかを調べるために，交流だけの流れを考えた回路を（ ）①という。

◆◆◆◆◆ ステップ 2 ◆◆◆◆◆

例題 1

図 2.4 (a) の回路の各部の波形を観測したら図 (b), (c) のようになった。この波形からつぎの問に答えなさい。

(1) この回路の直流回路と交流回路を書きなさい。

(2) この回路のバイアス V_{BE}, I_B, V_{CE}, I_C はいくらか。

(3) 入力電圧 v_i と出力電圧 v_o の最大値はいくらか。

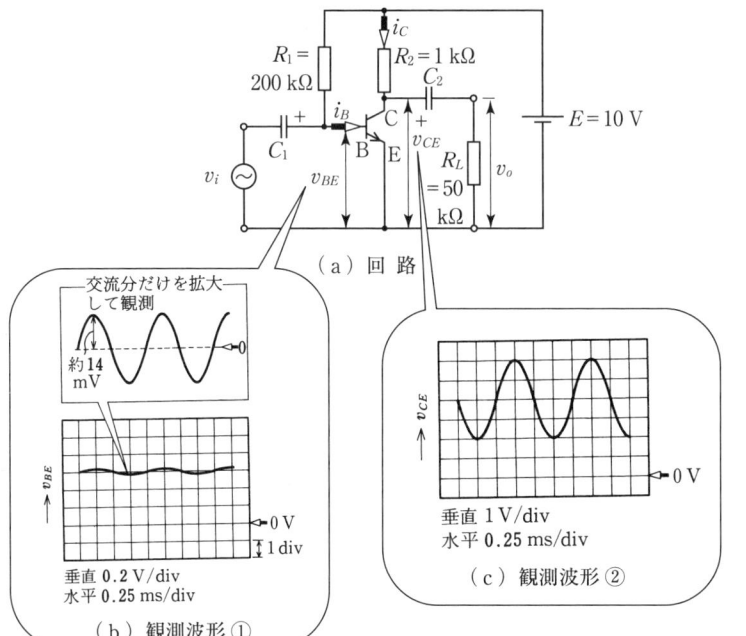

図 2.4

(4) この回路の電圧増幅度 A_V はいくらか。

解答

(1) 直流回路と交流回路を書くと**図2.5**のようになる。

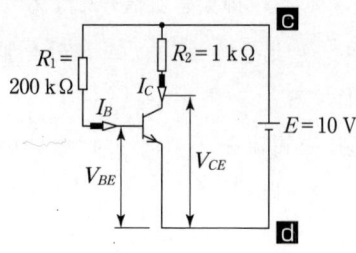
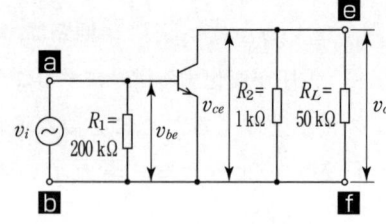

(a) 直流回路（バイアス回路）　　　　(b) 交流回路

図 2.5

(2) V_{BE} は，図(b)の波形から直流分を求めると

$$V_{BE} = 3 \text{ div} \times 0.2 \text{ V/div} = 0.6 \text{ V}$$

I_B は，$E = R_1 I_B + V_{BE}$ から

$$I_B = \frac{E - V_{BE}}{R_1} = \frac{10 - 0.6}{200 \times 10^3} = 47 \times 10^{-6} \text{ A} = 47 \text{ μA}$$

V_{CE} は，図(c)の波形から直流分を求めると

$$V_{CE} = 4 \text{ div} \times 1 \text{ V/div} = 4 \text{ V}$$

I_C は，$E = R_2 I_C + V_{CE}$ から

$$I_C = \frac{E - V_{CE}}{R_2} = \frac{10 - 4}{1 \times 10^3} = 6 \times 10^{-3} \text{ A} = 6 \text{ mA}$$

(3) 入力電圧 v_i は図(b)の交流分を求めればよい。出力電圧 v_o は図(c)の交流分を求めればよい。

$$v_i = 14 \text{ mV}, \quad v_o = 2 \text{ div} \times 1 \text{ V/div} = 2 \text{ V}$$

(4) 電圧増幅度 A_V は $\dfrac{v_o}{v_i}$ である。したがって，(3)の結果を使って求める。

$$A_V = \frac{v_o}{v_i} = \frac{2}{14 \times 10^{-3}} = 143 \text{ 倍}$$

1 図2.6 の増幅回路の直流回路と交流回路を書きなさい。

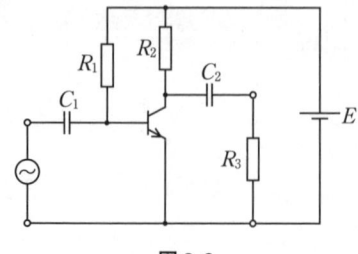

図 2.6

ヒント

直流回路はコンデンサを外して考える。
交流回路は，直流電源とコンデンサを短絡して考える。

□ **2** 図2.7(a)の回路の各部の波形を観測したら図(b), (c)のようになった。この波形からつぎの問に答えなさい。

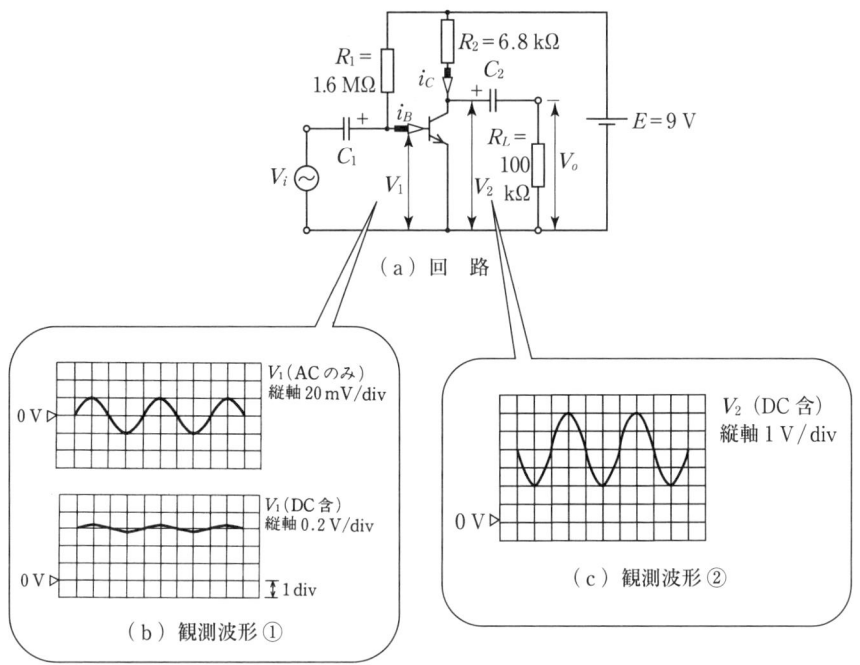

図2.7

(1) この回路のバイアス V_{BE}〔V〕, I_B〔μA〕, V_{CE}〔V〕, I_C〔mA〕はいくらか。

ヒント!
バイアスは直流分

答 $V_{BE}=$ _____ $I_B=$ _____

$V_{CE}=$ _____ $I_C=$ _____

(2) 入力電圧 V_i〔mV〕と出力電圧 V_o〔V〕の最大値はいくらか。

答 $V_i=$ _____ $V_o=$ _____

(3) この回路の電圧増幅度 A_V はいくらか。

ヒント!
増幅度は単位をそろえて計算する。

答 $A_V=$ _____

2.2 増幅回路の動作

> **トレーニングのポイント**

① バイアスの求め方

（1） 特性図から求める（図2.8）

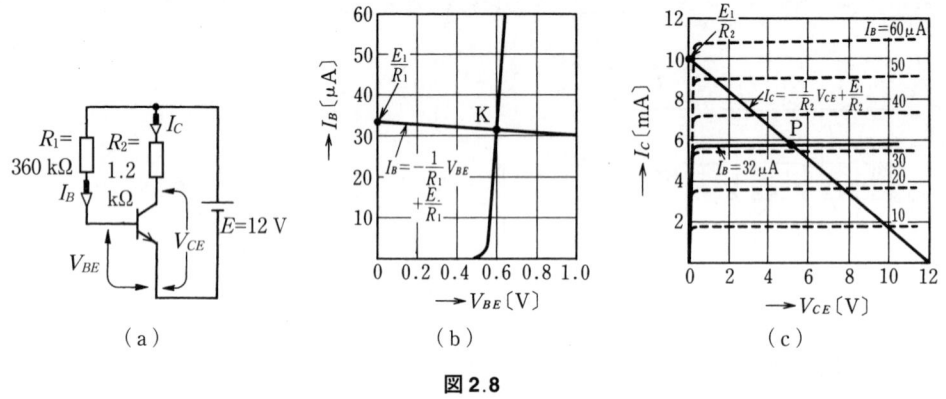

図2.8

① V_{BE}-I_B 特性図上に V_{BE} と I_B の関係直線を書き、特性曲線との交点Kの座標が V_{BE}, I_B となる。

② V_{CE}-I_C 特性図上に V_{CE} と I_C の関係直線（**直流負荷線**）を書き、①で求めた I_B における特性曲線との交点Pの座標が V_{CE}, I_C となる。

③ 特性図上のバイアス点K、Pを**動作点**という。

（2） V_{BE} と h_{FE} から求める

$$I_B = \frac{E - V_{BE}}{R_1} \qquad I_C = h_{FE} I_B \qquad V_{CE} = E - R_2 I_C$$

② 増幅度の求め方

（1） 特性図から求める

① 図2.9において、動作点Kを中心にして、v_{BE} の変化に対応する i_B の変化を求める。

② 図2.10において、動作点Pを通る $-\dfrac{1}{R_L'}$ の直線（**交流負荷線**）を書き、その直線に沿って、①で求めた i_B の変化の幅に対応する v_{CE}, i_C の変化を求める。

③ 電圧増幅度 $A_V = \dfrac{v_o}{v_i} = \dfrac{v_{CE} \text{の変化分}}{v_{BE} \text{の変化分}}$

（2） h_{ie}, h_{fe} から求める

① トランジスタの h_{ie}, h_{fe} を求める。

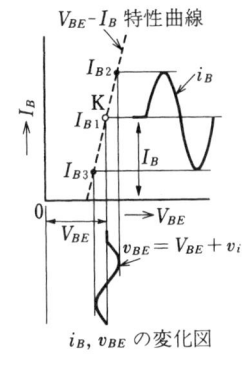
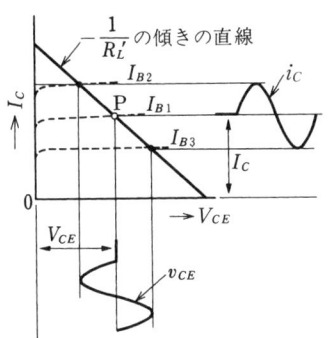

図 2.9　　　　　　　　図 2.10

② $i_b = \dfrac{v_{be}}{h_{ie}} = \dfrac{v_i}{h_{ie}}$　　$i_c = h_{fe} i_b$　　$v_o = v_{ce} = R_L' i_c$

③ 電圧増幅度 $A_V = \dfrac{v_o}{v_i} = \dfrac{v_{ce}}{v_{be}}$

③ 増幅度の〔dB〕デシベル表示

電圧増幅度 $A_V = \dfrac{出力電圧}{入力電圧}$〔倍〕　　　　電圧利得 $G_V = 20 \log_{10} A_V$〔dB〕

電流増幅度 $A_I = \dfrac{出力電流}{入力電流}$〔倍〕　　　　電流利得 $G_I = 20 \log_{10} A_I$〔dB〕

電力増幅度 $A_P = \dfrac{出力電力}{入力電力} = A_V A_I$〔倍〕　　電力利得 $G_P = 10 \log_{10} A_V$〔dB〕

◆◆◆◆◆ ステップ 1 ◆◆◆◆◆

1 つぎの文の（　　）に適切な語句や記号，数値を入れなさい。

(1) 増幅回路のバイアスを求める方法は，（　　）①から求める方法と，V_{BE} と（　　）②から求める方法がある。

(2) 特性図上に求められたバイアス点を（　　）①といい，交流動作は，この点を（　　）②にして行われる。

(3) 図 2.11 の回路において，$E = R_1 I_B + V_{BE}$ から
$I_B = -($　　$)^① V_{BE} + ($　　$)^②$〔A〕となる。
また，$E = R_2 I_C + V_{CE}$ から
$I_C = -($　　$)^③ V_{CE} + ($　　$)^④$〔A〕となる。

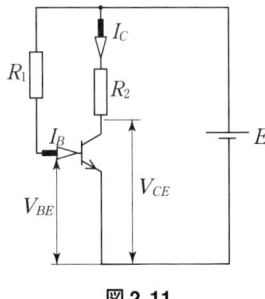

図 2.11

2. 増幅回路の基礎

□ **2** 表2.1は増幅度の〔倍〕と〔dB〕の換算を表したものである。表の空白部分に当てはまる数値を入れなさい。

ヒント！
$G_V = 20 \log_{10} A_V$
$A_V = 10^{\frac{G_V}{20}}$
$G_P = 10 \log_{10} A_V$
$A_P = 10^{\frac{G_P}{10}}$

表2.1

電圧増幅度 A_V	〔倍〕	2	②	200	④
電圧利得 G_V	〔dB〕	①	20	③	60

電力増幅度 A_P	〔倍〕	2	⑥	200	⑧
電力利得 G_P	〔dB〕	⑤	20	⑦	60

◆◆◆◆◆ ステップ 2 ◆◆◆◆◆

例題 2

図2.12の回路において，つぎの問に答えなさい。

（1） バイアス V_{BE}, I_B, V_{CE}, I_C を求めなさい。

（2） 入力電圧 v_i として最大値で 20 mV の正弦波電圧を加えたとき，v_{BE}, i_B, v_{CE}, i_C の変化の様子を書きなさい。

（3） 電圧増幅度 A_V を求めなさい。

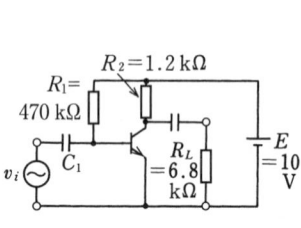
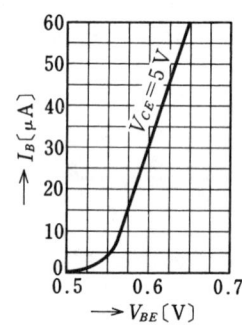
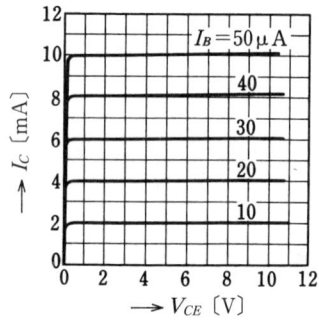

（a）回路　　　（b）$V_{BE}-I_B$ 特性（部分拡大したもの）　　　（c）$V_{CE}-I_C$ 特性

図2.12

解答

（1） $I_B = -\dfrac{1}{R_1} V_{BE} + \dfrac{E}{R_1} = -2.13 V_{BE} + 21.3$ 〔μA〕

この式に $V_{BE}=0.5$ と 0.7 のときの I_B を求め，$V_{BE}-I_B$ 特性図上に書き入れ，交点 K を求める。

図2.13 より，交点 K の座標から，$V_{BE}=0.58$ V，$I_B=20$ μA である。

$I_C = -\dfrac{1}{R_2} V_{CE} + \dfrac{E}{R_2} = -0.833 V_{CE} + 8.33$ 〔mA〕

この式に $V_{CE}=0$ と 10 のときの I_C を求め，V_{CE}-I_C 特性図上に書き入れて，$I_B=20\,\mu\text{A}$ における特性曲線との交点 P を求める。

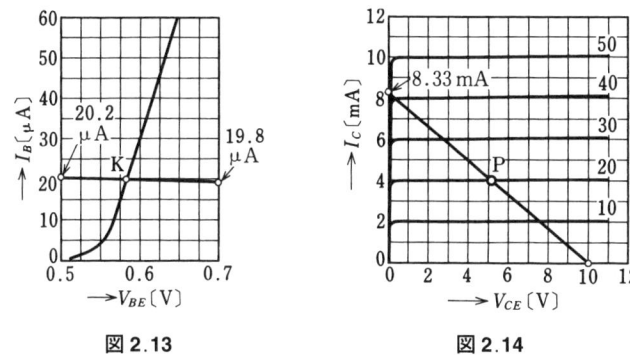

図 2.13　　　　　図 2.14

図 2.14 より，交点 P の座標から，$V_{CE}=5.2\,\text{V}$，$I_C=4\,\text{mA}$ である。

（2）交流動作を求めるための交流回路は図 2.15 となる。

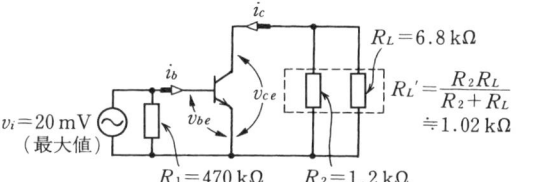

図 2.15

入力側は，$v_{BE}=V_{BE}+v_i$ で変化する。すなわち，動作点 K を中心に，±20 mV で正弦波状に変化する。i_B は v_{BE} の変化に対応して特性曲線に沿って変化する（図 2.16）。

出力側の R_L' を求めると $1.02\,\text{k}\Omega$ となり，v_{CE} と i_C は，i_B の変化に対応し，動作点 P を通った傾き $-R_L'=-1.02\,\text{k}\Omega$ の直線に沿って変化する（図 2.17）。

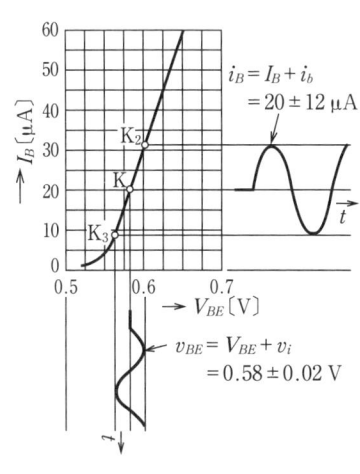 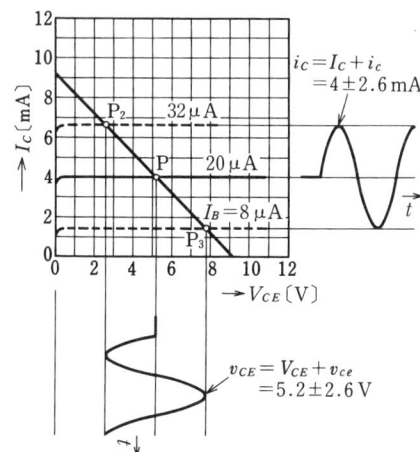

図 2.16　　　　　図 2.17

（3） 出力電圧 $v_o = v_{CE}$，変化分 $= 2.6$ V，入力電圧 $v_i = v_{BE}$ 変化分 $= 20$ mV

$$A_V = \frac{v_o}{v_i} = \frac{2.6}{20 \times 10^{-3}} = 130 \text{ 倍}$$

❶ 図 2.18 の回路のバイアス I_B 〔μA〕，I_C 〔mA〕，V_{CE} 〔V〕を求めなさい。ただし，トランジスタの $h_{FE} = 150$，$V_{BE} = 0.6$ V とする。

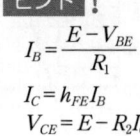

$I_B = \dfrac{E - V_{BE}}{R_1}$

$I_C = h_{FE} I_B$

$V_{CE} = E - R_2 I_C$

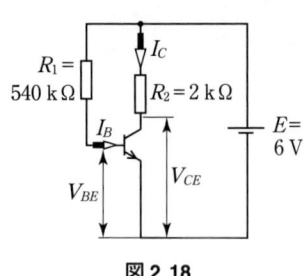

図 2.18

〔答〕 $I_B =$ _____ $I_C =$ _____ $V_{CE} =$ _____

❷ 図 2.19 の回路について，つぎの問に答えなさい。

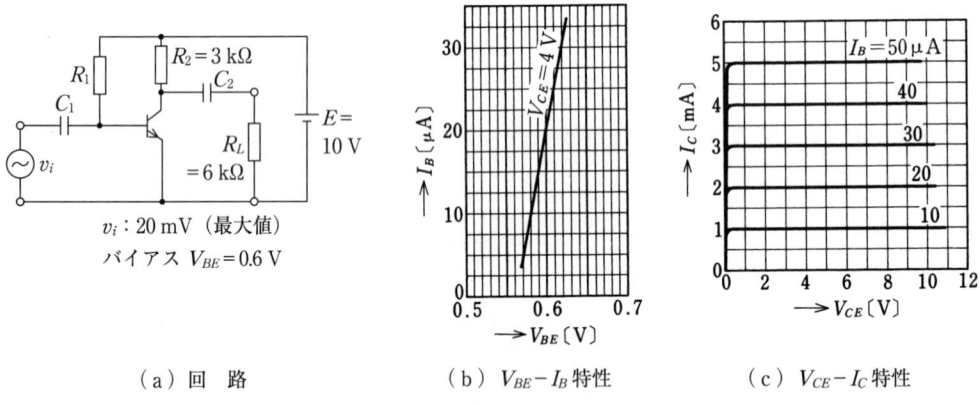

(a) 回　路　　　　(b) $V_{BE} - I_B$ 特性　　　　(c) $V_{CE} - I_C$ 特性

図 2.19

（1） $V_{BE}=0.6$ V のとき，バイアス I_B〔μA〕，I_C〔mA〕，V_{CE}〔V〕を求めなさい。

ヒント！
特性図（b）から I_B
特性図（c）から I_C
$V_{CE}=E-R_2I_C$

〔答〕 $I_B=$ _____ $I_C=$ _____ $V_{CE}=$ _____

（2） 交流回路を書き，R_2 と R_L の並列合成抵抗 R_L'〔kΩ〕を求めなさい。

ヒント！
$R_L'=\dfrac{R_2R_L}{R_2+R_L}$

〔答〕 $R_L'=$ _____

（3） 交流負荷線を図（c）の V_{CE}-I_C 特性図の中に書きなさい。

ヒント！
動作点を通る傾き $-\dfrac{1}{R_L'}$ の直線

（4） 入力電圧 v_i が最大値で ±20 mV 変化したとき，i_B〔μA〕，i_C〔mA〕，v_{CE}〔V〕の変化はいくらか。

ヒント！
特性図から求める。

〔答〕 $i_B=I_B\pm$ _____ $i_C=I_C\pm$ _____
$v_{CE}=V_{CE}\pm$ _____

（5） 回路の電圧増幅度 A_V と電圧利得 G_V〔dB〕を求めなさい。

ヒント！
$A_V=\dfrac{v_o}{v_i}=\dfrac{v_{CE}\text{変化分}}{v_{BE}\text{変化分}}$

〔答〕 $A_V=$ _____ $G_V=$ _____

□ **3** 図 2.20 の回路において，つぎの問に答えなさい。ただし，トランジスタが $h_{ie}=800$ Ω，$h_{fe}=200$ とする。

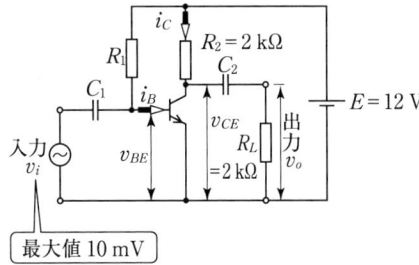

図 2.20

2．増幅回路の基礎

（1）ベース-エミッタ間の電圧の変化 v_{be}〔mV〕を求めなさい。

答　$v_{be}=$ _____

（2）v_{be} によるベース電流の変化 i_b〔μA〕を求めなさい。

ヒント！
$i_b = \dfrac{v_{be}}{h_{ie}} = \dfrac{v_i}{h_{ie}}$

答　$i_b=$ _____

（3）i_b によるコレクタ電流の変化 i_c〔mA〕を求めなさい。

ヒント！
$i_c = h_{fe} i_b$

答　$i_c=$ _____

（4）R_2 と R_L の並列合成抵抗 $R_L{}'$〔kΩ〕を求めなさい。

答　$R_L{}'=$ _____

（5）i_c によるコレクタ-エミッタ間の電圧の変化 v_{ce}〔V〕を求めなさい。

ヒント！
$v_{ce} = R_L{}' i_c$

答　$v_{ce}=$ _____

（6）電圧増幅度 A_V と電圧利得 G_V〔dB〕を求めなさい。

ヒント！
$A_V = \dfrac{v_o}{v_i} = \dfrac{v_{ce}}{v_{be}}$

答　$A_V=$ _____　$G_V=$ _____

□**4**　入力電圧 0.2 mV で，出力 4 V が得られる増幅回路を作るには，電圧増幅度 50 倍の回路が何段必要か求めなさい。

答　_____

□**5**　電圧利得 G_V が 46 dB の増幅回路がある。出力電圧 V_o が 2 V のとき，入力電圧 V_i〔mV〕を求めなさい。

答　$V_i=$ _____

2.3 トランジスタの等価回路とその利用

> **トレーニングのポイント**
>
> ① **トランジスタの等価回路** トランジスタの交流に対する働きを電気回路に置き換えて表した回路を，トランジスタの等価回路という。増幅の働きを表すとき，h パラメータを使って表す。
>
>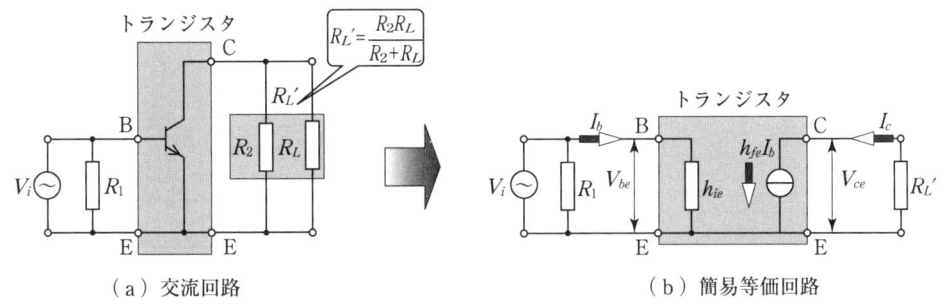
>
> 図 2.21
>
> 図 2.21（b）に示した等価回路は，$h_{re}=0$，$h_{oe}=0$ の条件で求めた等価回路であり，**簡易等価回路**という。
>
> ② **等価回路による特性の求め方**
> （1） **h パラメータ** h パラメータの規格表から，バイアス電流 I_C 値の h パラメータの変化率を読み取る。
> （2） **交流回路の変換** 交流回路において，トランジスタ部分を h パラメータを用いて等価回路に置き換える。
> （3） **トランジスタの増幅度**
>
> 電圧増幅度 $A_V = \dfrac{R_L{'}}{h_{ie}} h_{fe}$　　電流増幅度 $A_I = h_{fe}$　　電力増幅度 $A_P = A_V A_I$
>
> （4） **入出力インピーダンス**
>
> 入力インピーダンス $Z_i = h_{ie}$　　出力インピーダンス $Z_o = \infty$

◆◆◆◆◆ **ステップ 1** ◆◆◆◆◆

□ **1** つぎの文の（　　）に適切な語句を入れなさい。

（1） トランジスタの交流に対する働きを表した回路をトランジスタの（　　　）①という。増幅の働きを表すとき，（　　　　）②を使って表す。（　　　　）①において，

2. 増幅回路の基礎

$h_{re}=0$, $h_{oe}=0$ の条件で求めた回路を（　　　）③という。

(2) 等価回路を用いる場合の注意として，トランジスタの働きをすべて表しているものではなく，（　　）①の（　　）②信号に対するものである。また，hパラメータは（　　）③点によって変化するので，使用する回路の（　　）④値でのhパラメータを使用する。

◆◆◆◆◆ ステップ 2 ◆◆◆◆◆

例題 3

図2.22の回路において，つぎの問に答えなさい。

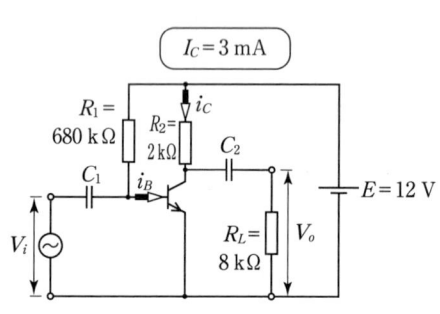

(a) 回路

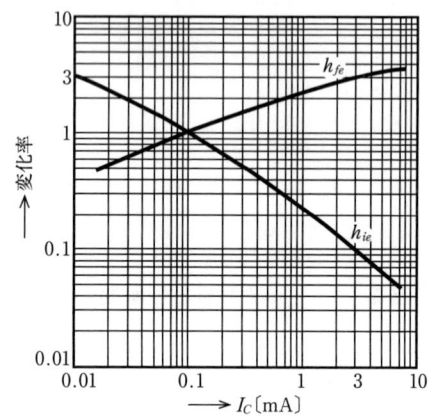

I_Cが0.1 mAのときのhパラメータは，$h_{fe}=80$, $h_{ie}=12$ kΩとなる。

(b) hパラメータの変化率

図2.22

(1) バイアス値におけるhパラメータ h_{ie} と h_{fe} を求めなさい。

(2) 増幅回路をhパラメータによる簡易等価回路によって表しなさい。

(3) 電圧増幅度A_V，電流増幅度A_I，電力増幅度A_Pを求めなさい。

〔解 答〕

(1) $I_C=3$ mAにおけるh_{ie}とh_{fe}の変化率を図2.22(b)で求めると，$h_{ie}=0.1$, $h_{fe}=3$。

$I_C=0.1$ mAにおけるh_{ie}とh_{fe}の値に変化率を乗じる。

$h_{ie}=12\times10^3\times0.1=1.2\times10^3$ Ω $=1.2$ kΩ

$h_{fe}=80\times3=240$

(2) 図2.23(a)の交流回路のトランジスタ部分を，hパラメータによる図(b)の簡易等価回路に置き換える。

2.3 トランジスタの等価回路とその利用　33

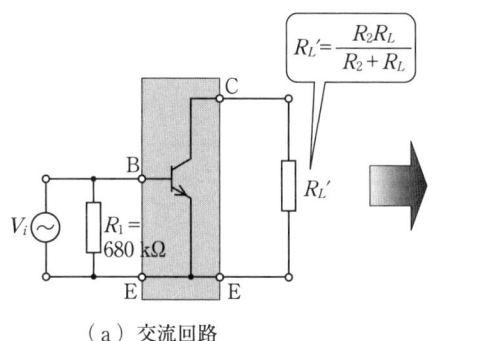
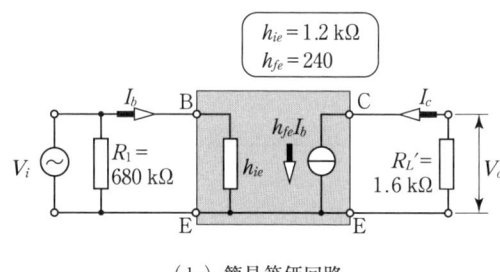

(a) 交流回路　　　　　　　　　　(b) 簡易等価回路

図2.23

(3) $R_L' = \dfrac{R_2 R_L}{R_2 + R_L} = \dfrac{2 \times 8}{2 + 8} = 1.6\ \text{k}\Omega$

電圧増幅度 $A_V = \dfrac{R_L'}{h_{ie}} h_{fe} = \dfrac{1.6}{1.2} \times 240 = 320$ 倍

電流増幅度 $A_I = h_{fe} = 240$ 倍

電力増幅度 $A_P = A_V A_I = 320 \times 240 = 76\,800$ 倍

❶ 図2.24の回路で，$h_{ie} = 4.2\ \text{k}\Omega$，$h_{fe} = 180$ のときの電圧増幅度 A_V を求めなさい。

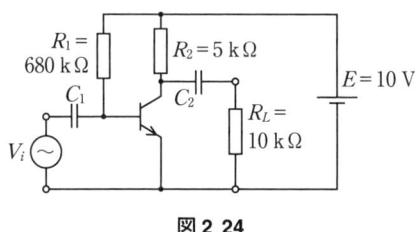

図2.24

〔答〕 $A_V =$ _____

❷ 図2.25の増幅回路について，つぎの問に答えなさい。

(1) 回路のバイアス I_B〔μA〕，I_C〔mA〕，V_{CE}〔V〕を求めなさい。
ただし，$V_{BE} = 0.6\ \text{V}$，$h_{FE} = 260$ とする。

ヒント！
$I_B = \dfrac{E - V_{BE}}{R_1}$
$I_C = h_{FE} I_B$
$V_{CE} = E - R_2 I_C$

〔答〕 $I_B =$ _____ $I_C =$ _____ $V_{CE} =$ _____

2. 増幅回路の基礎

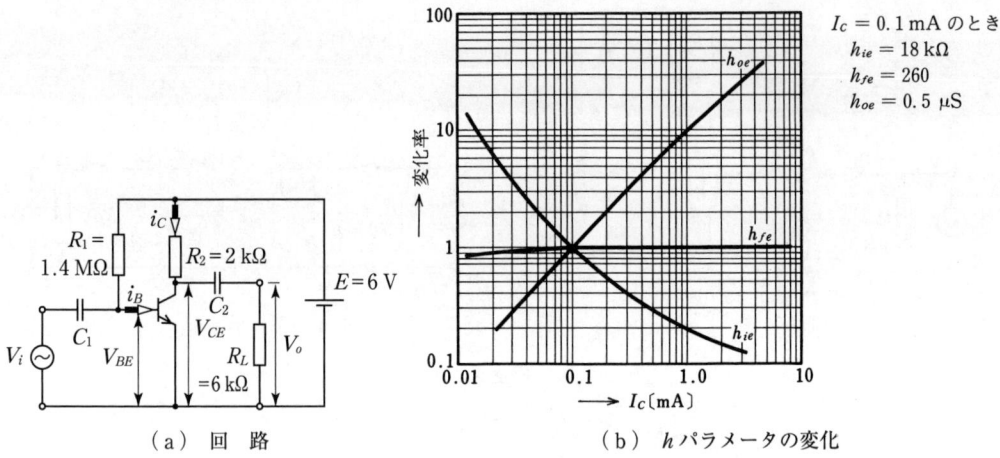

(a) 回路　　　　　　　(b) hパラメータの変化

図 2.25

$I_C = 0.1\,\text{mA}$ のとき
$h_{ie} = 18\,\text{k}\Omega$
$h_{fe} = 260$
$h_{oe} = 0.5\,\mu\text{S}$

(2) バイアス値における h パラメータ h_{ie} 〔kΩ〕, h_{fe}, h_{oe} 〔μS〕を求めなさい。

ヒント! 図2.25(b)から変化率を求める。

〔答〕 $h_{ie} =$ _____　　$h_{fe} =$ _____　　$h_{oe} =$ _____

(3) 簡易等価回路で表したとき, 電圧増幅度 A_V, 電流増幅度 A_I, 電力増幅度 A_P を求めなさい。

〔答〕 $A_V =$ _____　　$A_I =$ _____　　$A_P =$ _____

3 図 2.26 の増幅回路において, つぎの問に答えなさい。ただし, $h_{ie} = 30\,\text{k}\Omega$, $h_{fe} = 170$ とする。

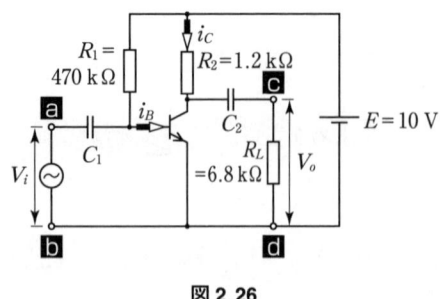

図 2.26

(1) 増幅回路を h パラメータによる簡易等価回路によって表したとき, 図 2.27 の①~④に当てはまる文字や式を答えなさい。

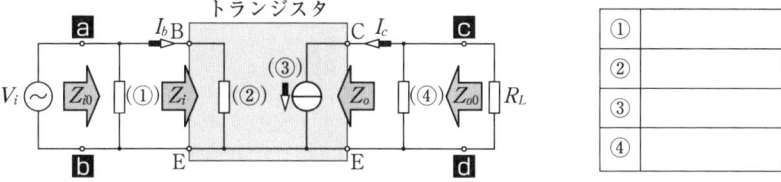

図 2.27 図 2.26 の簡易等価回路

①	
②	
③	
④	

(2) トランジスタの入力インピーダンス Z_i 〔kΩ〕を求めなさい。

ヒント！
$Z_i = h_{ie}$

答 $Z_i =$ _____

(3) 回路全体の入力インピーダンス Z_{i0} 〔kΩ〕を求めなさい。

ヒント！
$Z_{i0} = \dfrac{Z_i R_1}{Z_i + R_1}$

答 $Z_{i0} =$ _____

(4) 回路全体の出力インピーダンス Z_{o0} 〔kΩ〕を求めなさい。

ヒント！
$Z_{o0} = R_2$

答 $Z_{o0} =$ _____

2.4 バイアス回路

トレーニングのポイント

① **安定化したバイアス回路**　バイアスは周囲温度の変化や電源電圧の変化などによって変わる。この変化によって、増幅回路は、熱暴走・雑音の増加・ひずみの増加などの影響を受ける。このような現象を防ぐために、コレクタ電流の変化を自動的に少なくする働きを持つ安定化バイアス回路（**表2.2**）が必要になる。

表2.2　安定化バイアス回路

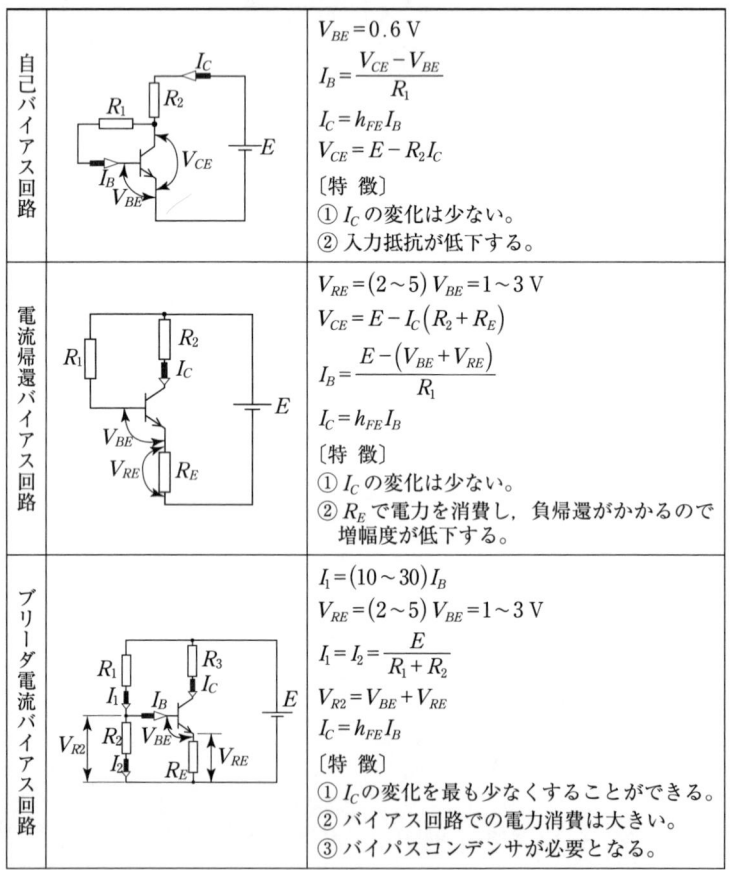

回路	回路図	式・特徴
自己バイアス回路		$V_{BE} = 0.6\,\text{V}$ $I_B = \dfrac{V_{CE} - V_{BE}}{R_1}$ $I_C = h_{FE} I_B$ $V_{CE} = E - R_2 I_C$ 〔特徴〕 ① I_C の変化は少ない。 ② 入力抵抗が低下する。
電流帰還バイアス回路		$V_{RE} = (2〜5)V_{BE} = 1〜3\,\text{V}$ $V_{CE} = E - I_C(R_2 + R_E)$ $I_B = \dfrac{E - (V_{BE} + V_{RE})}{R_1}$ $I_C = h_{FE} I_B$ 〔特徴〕 ① I_C の変化は少ない。 ② R_E で電力を消費し、負帰還がかかるので増幅度が低下する。
ブリーダ電流バイアス回路		$I_1 = (10〜30)I_B$ $V_{RE} = (2〜5)V_{BE} = 1〜3\,\text{V}$ $I_1 = I_2 = \dfrac{E}{R_1 + R_2}$ $V_{R2} = V_{BE} + V_{RE}$ $I_C = h_{FE} I_B$ 〔特徴〕 ① I_C の変化を最も少なくすることができる。 ② バイアス回路での電力消費は大きい。 ③ バイパスコンデンサが必要となる。

② **バイパスコンデンサ**　バイアス安定化のための抵抗 R_E は、負帰還作用のため増幅度を低下させる。この低下を防ぐために R_E に並列に入れるコンデンサ C_E を**バイパスコンデンサ**という。

2.4 バイアス回路

◆◆◆◆◆ ステップ 1 ◆◆◆◆◆

☐ **1** つぎの文の（　）に適切な語句を入れなさい。

(1) 増幅回路のバイアスは，（　　　）①の変化や電源電圧の変化などで変わる。トランジスタの（　　）②が上昇するとコレクタ電流が増加し，（　　　）③により回路動作が不安定になったり，トランジスタを破壊してしまうことがある。バイアスが変化すると（　　）④の増加や（　　　）⑤の増加が起こる。

(2) 電流帰還バイアス回路の抵抗 R_E は，負帰還作用のため増幅度を（　　　）①させる。この低下を防ぐために R_E に（　　　）②に入れるコンデンサ C_E を（　　　）③コンデンサという。

◆◆◆◆◆ ステップ 2 ◆◆◆◆◆

例題 4

図 2.28 (a)〜(c) の回路において，$I_C = 2.4\,\mathrm{mA}$ を与えるには，各抵抗をいくらにすればよいか求めなさい。ただし，$V_{BE} = 0.6\,\mathrm{V}$，$h_{FE} = 200$ とする。

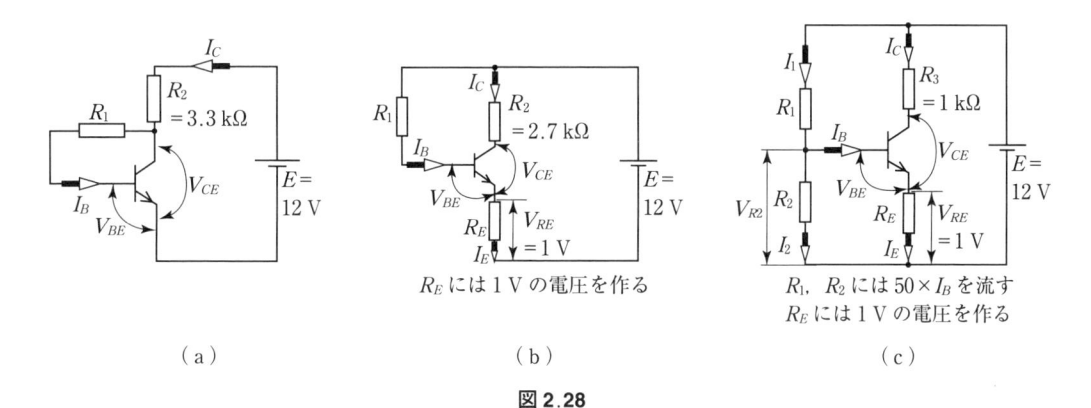

(a)　(b)　(c)

R_E には 1 V の電圧を作る　　R_1，R_2 には $50 \times I_B$ を流す
　　　　　　　　　　　　　　　R_E には 1 V の電圧を作る

図 2.28

解 答

(a) $I_B = \dfrac{I_C}{h_{FE}} = \dfrac{2.4 \times 10^{-3}}{200} = 12 \times 10^{-6}\,\mathrm{A} = 12\,\mathrm{\mu A}$

$V_{CE} = E - R_2 I_C = 12 - 3.3 \times 10^3 \times 2.4 \times 10^{-3} = 4.08\,\mathrm{V}$

$R_1 = \dfrac{V_{CE} - V_{BE}}{I_B} = \dfrac{4.08 - 0.6}{12 \times 10^{-6}} = 290 \times 10^3\,\Omega = 290\,\mathrm{k\Omega}$

(b) $R_1 = \dfrac{E - (V_{BE} + V_{RE})}{I_B} = \dfrac{12 - (0.6 + 1)}{12 \times 10^{-6}} = 867 \times 10^3\,\Omega = 867\,\mathrm{k\Omega}$

$I_C \gg I_B$，$I_E \fallingdotseq I_C$ から

$$R_E = \frac{V_{RE}}{I_C} = \frac{1}{2.4 \times 10^{-3}} = 417\,\Omega$$

（c） $I_C \gg I_B$, $I_E \fallingdotseq I_C$ から

$$R_E = \frac{V_{RE}}{I_C} = \frac{1}{2.4 \times 10^{-3}} = 417\,\Omega$$

$$I_2 \fallingdotseq I_1 = 50 \times I_B = 50 \times 12 \times 10^{-6} = 0.6 \times 10^{-3}\,\text{A}$$

$$R_2 = \frac{V_{R2}}{I_2} = \frac{V_{BE}+V_{RE}}{I_1} = \frac{0.6+1}{0.6 \times 10^{-3}} = 2.67 \times 10^3\,\Omega = 2.67\,\text{k}\Omega$$

$$R_1 + R_2 = \frac{E}{I_1} = \frac{12}{0.6 \times 10^{-3}} = 20 \times 10^3\,\Omega = 20\,\text{k}\Omega$$

$$R_1 = (R_1 + R_2) - R_2 = 20 - 2.67 = 17.3\,\text{k}\Omega$$

❶ 図 **2.29** の回路において，$I_C = 4\,\text{mA}$ を与えるには，$R_1\,[\text{k}\Omega]$ をいくらにすればよいか求めなさい。ただし，$V_{BE} = 0.6\,\text{V}$, $h_{FE} = 100$ とする。

図 2.29

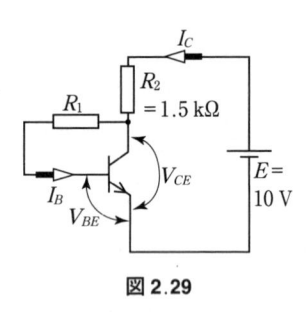

〔答〕 $R_1 =$ _____

❷ 図 **3.30** の回路のバイアス $I_B\,[\mu\text{A}]$, $I_C\,[\text{mA}]$, $V_{CE}\,[\text{V}]$ を求めなさい。ただし，$V_{BE} = 0.6\,\text{V}$, $h_{FE} = 200$ とする。

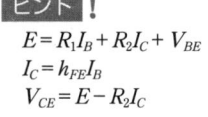

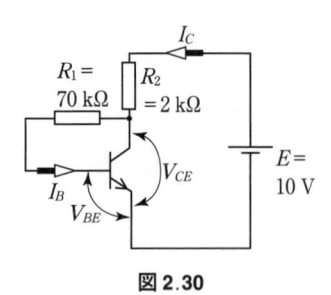

ヒント！
$E = R_1 I_B + R_2 I_C + V_{BE}$
$I_C = h_{FE} I_B$
$V_{CE} = E - R_2 I_C$

図 2.30

〔答〕 $I_B =$ _____ $I_C =$ _____
$V_{CE} =$ _____

2.4 バイアス回路

□ **3** 図 2.31 の回路において，$I_C = 2\,\mathrm{mA}$ を与えるには，R_1〔kΩ〕，R_E〔kΩ〕をいくらにすればよいか求めなさい。ただし，$V_{BE} = 1\,\mathrm{V}$，$h_{FE} = 100$，$I_E \fallingdotseq I_C$ とする。

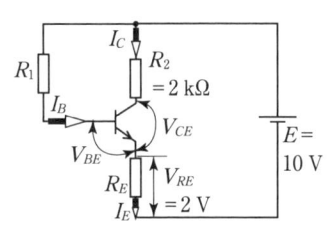

図 2.31

〔答〕 $R_1 = 350\,\mathrm{k\Omega}$　　　$R_E = 1\,\mathrm{k\Omega}$

□ **4** 図 3.32 の回路のバイアス I_B〔μA〕，I_C〔mA〕，V_{CE}〔V〕を求めなさい。ただし，$V_{BE} = 0.6\,\mathrm{V}$，$h_{FE} = 200$，$I_E \fallingdotseq I_C$ とする。

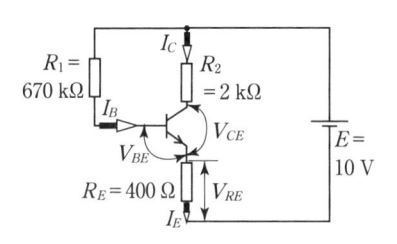

図 2.32

ヒント !
$E = R_1 I_B + V_{BE} + V_{RE}$
$V_{RE} = R_E I_C$
$I_C = h_{FE} I_B$
$V_{CE} = E - R_2 I_C - V_{RE}$

〔答〕 $I_B = 12.5\,\mathrm{\mu A}$　　　$I_C = 2.51\,\mathrm{mA}$
　　　$V_{CE} = 3.98\,\mathrm{V}$

□ **5** 図 2.33 の回路において，$I_C = 2\,\mathrm{mA}$ を与えるには，R_1，R_2，R_E〔kΩ〕をいくらにすればよいか求めなさい。ただし，R_1 には I_B の 40 倍の電流を流し，$V_{BE} = 1\,\mathrm{V}$，$h_{FE} = 160$，$I_E \fallingdotseq I_C$ とする。

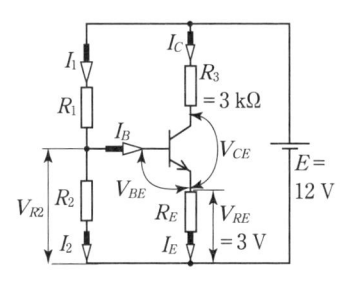

図 2.33

〔答〕 $R_1 = 16\,\mathrm{k\Omega}$　　　$R_2 = 8.21\,\mathrm{k\Omega}$
　　　$R_E = 1.5\,\mathrm{k\Omega}$

□6 図3.34の回路のバイアス I_B〔μA〕, I_C〔mA〕, V_{CE}〔V〕を求めなさい。ただし, $V_{BE}=0.6$ V, $h_{FE}=200$, $I_E \fallingdotseq I_C$ とする。

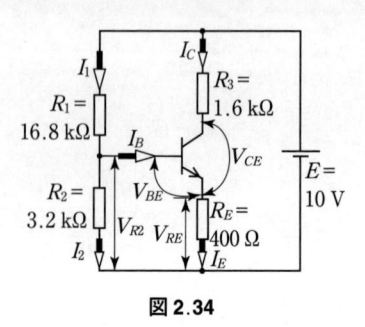

ヒント！

$V_{R2} = \dfrac{R_2}{R_1+R_2}E$

$V_{RE} = V_{R2} - V_{BE}$

$I_C = \dfrac{V_{RE}}{R_E}$

$I_C = h_{FE}I_B$

$V_{CE} = E - R_3 I_C - V_{RE}$

図 2.34

〔答〕 $I_B =$ 12.5 μA $I_C =$ 2.5 mA

$V_{CE} =$ 5 V

2.5 増幅回路の特性変化

トレーニングのポイント

① **周波数特性** 図2.35のように，周波数fと電圧増幅度（電圧利得）G_Vの関係を表した特性。増幅可能な周波数の限界が求められる。増幅度が基準となる中域での電圧利得から3dB低下する低域および高域の周波数をそれぞれ，**低域遮断周波数**f_L，**高域遮断周波数**f_Hという。このときの周波数範囲を**周波数帯域幅**Bという。

$$B = f_H - f_L \ [\mathrm{Hz}]$$

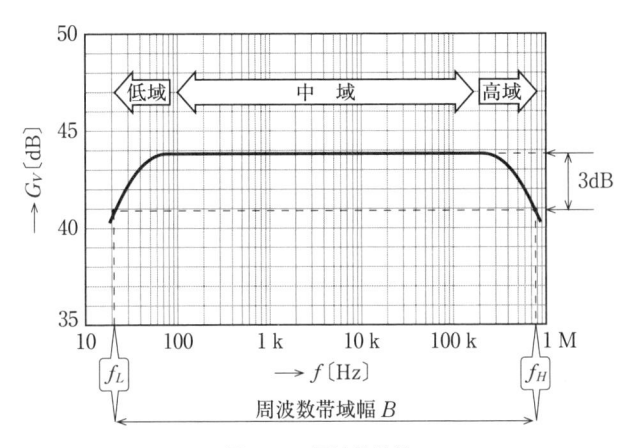

図2.35 周波数特性

② **コンデンサによる低域での増幅度の低下（図2.36）**

C_1による低域遮断周波数f_{L1}

$$f_{L1} = \frac{1}{2\pi C_1 h_{ie}} \ [\mathrm{Hz}]$$

C_2による低域遮断周波数f_{L2}

$$f_{L2} = \frac{1}{2\pi C_2 (R_2 + R_L)} \ [\mathrm{Hz}]$$

C_Eによる低域遮断周波数f_{ce}

$$f_{ce} = \frac{h_{fe}}{2\pi C_E h_{ie}} \ [\mathrm{Hz}]$$

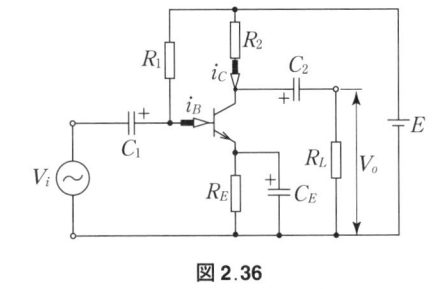

図2.36

③ **高域での増幅度の低下** 高域では，トランジスタのh_{fe}が周波数の増加に伴って小さくなることや，配線間の**漂遊容量**C_sによって増幅度が低下する。

トランジスタの$h_{fe}=1$となる周波数を**利得帯域幅積**f_T（**トランジション周波数**）といい，トランジスタの高周波特性を比較するのに用いる。

42   2. 増幅回路の基礎

利得帯域幅積　$h_{fe}f = f_T$

④ **出力波形のひずみ**　図 **2.37** のように，入力電圧と出力電圧の関係を表した特性を入出力特性という。増幅可能な入力電圧の限界を**クリップポイント**（**CP**）という。CP を超えた電圧が加えられると，出力電圧にひずみが生じる。

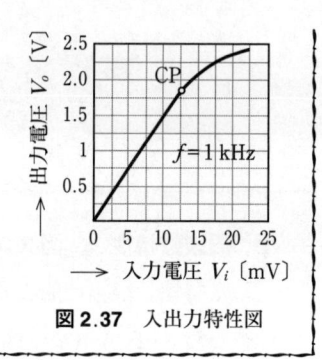

図 2.37　入出力特性図

◆◆◆◆◆◆　**ステップ　1**　◆◆◆◆◆◆

☐ **1** つぎの文の（　）に適切な語句や記号，数値を入れなさい。

　（1）増幅回路において，周波数 f による増幅度の変化の関係を表した特性を（　　　）① 特性という。中域周波数での電圧利得から（　　）② dB 低下する低域の周波数を（　　　　）③ といい，高域で（　　）② dB 低下する周波数を（　　　　）④ という。このときの周波数範囲を（　　　　　）⑤ という。

　（2）低域周波数における増幅度低下の原因は，（　　　　　　　）① C_1，C_2 のインピーダンスが大きくなるためである。また，電流帰還バイアス回路を用いるときは，（　　　　　　）② C_E の影響がある。

　（3）高域周波数における増幅度低下の原因は，トランジスタの（　　　　）① が周波数の増加に伴って（　　　）② なることや，配線間の（　　　　　）③ C_s による。

　（4）増幅回路において，入力の周波数を固定して入力電圧 V_i を増加させると，出力電圧 V_o は一定に増加するが，ある点で V_o が（　　　　）① を始め，出力波形に（　　　　）② が生じる。この点を（　　　　　　）③ といい，増幅の限界を示す目安となる。

◆◆◆◆◆◆　**ステップ　2**　◆◆◆◆◆◆

||||||||||| **例題** 5 |||||||||||

図 **2.38** の回路について，つぎの問に答えなさい。

　（1）コンデンサ C_1，C_2，C_E の影響がないものとしたときの電圧増幅度 A_V と電圧利得 G_V を求めなさい。

　（2）C_1，C_2，C_E のそれぞれの影響による低域遮断周波数 f_{L1}，f_{L2}，f_{ce} を求めなさい。

　（3）回路全体での低域遮断周波数 f_L を求めなさい。

2.5 増幅回路の特性変化　43

図2.38

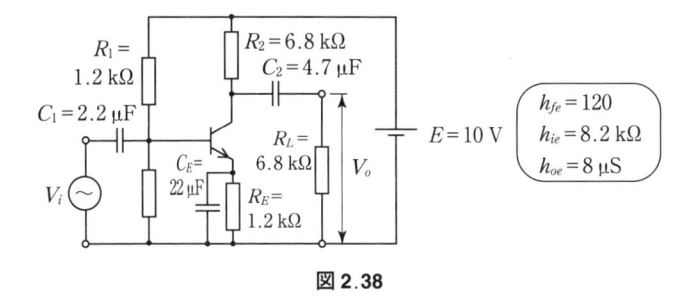

解答

(1) $\dfrac{1}{h_{oe}} = \dfrac{1}{8 \times 10^{-6}} = 125 \times 10^3 \; \Omega = 125 \; \text{k}\Omega$

$R_L' = \dfrac{R_2 R_L}{R_2 + R_L} = \dfrac{6.8 \times 6.8}{6.8 + 6.8} = 3.4 \; \text{k}\Omega$

$\dfrac{1}{h_{oe}} \gg R_L'$ であるので，等価回路は簡易等価回路を使ってよい．

電圧増幅度 $A_V = \dfrac{R_L'}{h_{ie}} h_{fe} = \dfrac{3.4}{8.2} \times 120 = 49.8$ 倍

電圧利得 $G_V = 20 \log_{10} A_V = 20 \log_{10} 49.8 = 33.9 \; \text{dB}$

(2) $f_{L1} = \dfrac{1}{2\pi C_1 h_{ie}} = \dfrac{1}{2\pi \times 2.2 \times 10^{-6} \times 8.2 \times 10^3} = 8.82 \; \text{Hz}$

$f_{L2} = \dfrac{1}{2\pi C_2 (R_2 + R_L)} = \dfrac{1}{2\pi \times 4.7 \times 10^{-6} \times (6.8 + 6.8) \times 10^3} = 2.49 \; \text{Hz}$

$f_{ce} = \dfrac{h_{fe}}{2\pi C_E h_{ie}} = \dfrac{120}{2\pi \times 22 \times 10^{-6} \times 8.2 \times 10^3} = 106 \; \text{Hz}$

(3) $f_{ce} \gg f_{L1}$，$f_{ce} \gg f_{L2}$ であるから，回路全体の低域遮断周波数 f_L は f_{ce} に等しい．

$f_L = f_{ce} = 106 \; \text{Hz}$

□ **1** 図2.39の回路において，コンデンサ C_1，C_2 の影響による低域遮断周波数 f_{L1}，f_{L2} 〔Hz〕を求めなさい．

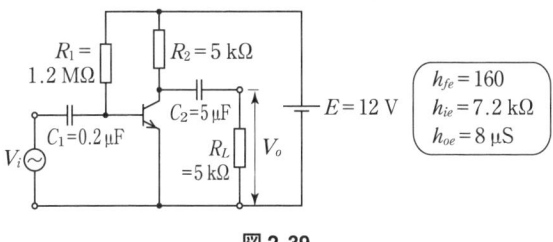

図2.39

答 $f_{L1} = $ _____　　$f_{L2} = $ _____

44　2. 増幅回路の基礎

□ **2** 低域遮断周波数 $f_L = 200$ Hz，高域遮断周波数 $f_H = 100$ kHz のとき，周波数帯域幅 B〔kHz〕を求めなさい。

〔答〕$B =$ _____

□ **3** あるトランジスタの h_{fe} は低周波で 283 であり，トランジション周波数 f_T は 150 MHz である。このトランジスタの h_{fe} が低周波のときの $\dfrac{1}{\sqrt{2}}$ になる周波数 f〔kHz〕を求めなさい。

〔答〕$f =$ _____

> **ヒント!**
> $h_{fe} f = f_T$ から
> $f = \dfrac{f_T}{\dfrac{h_{fe}}{\sqrt{2}}}$

□ **4** ある増幅回路で，$V_i = 20$ mV のとき，図 **2.40** のように片側だけひずんで出力した。この回路において，クリップポイントでの入力電圧 V_i〔mV〕はおよそいくらか。また，小さな入力電圧のときの電圧増幅度 A_V と電圧利得 G_V〔dB〕はいくらか。

> **ヒント!**
> v_{ce} が 6 V のとき CP
> V_i の $\dfrac{6}{8}$ が CP 時の V_i
> V_i の最大値
> 　$= 20\sqrt{2}$ mV
> $A_V = \dfrac{V_o}{V_i}$

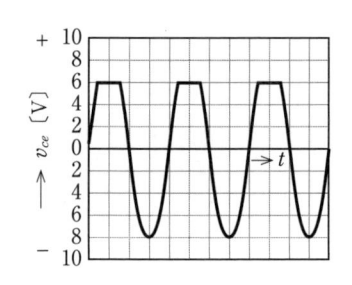

図 **2.40**

〔答〕CP 時の $V_i =$ _____　$A_V =$ _____

$G_V =$ _____

□ **5** 図 **2.41** の回路について，つぎの問に答えなさい。

（1）コンデンサ C_1，C_2，C_E の影響がないものとしたときの電圧増幅度 A_V と電圧利得 G_V〔dB〕を求めなさい。

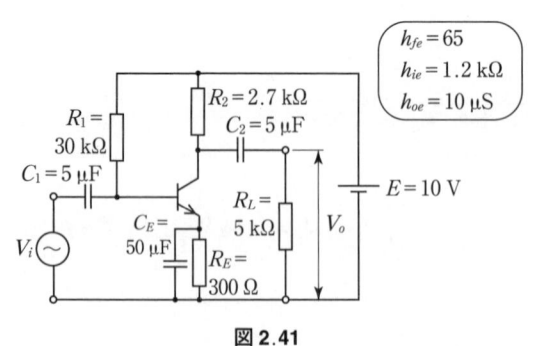

$h_{fe} = 65$
$h_{ie} = 1.2$ kΩ
$h_{oe} = 10$ μS

$R_1 = 30$ kΩ
$R_2 = 2.7$ kΩ
$C_1 = 5$ μF
$C_2 = 5$ μF
$C_E = 50$ μF
$R_L = 5$ kΩ
$R_E = 300$ Ω
$E = 10$ V

図 **2.41**

〔答〕$A_V =$ _____　$G_V =$ _____

（2） コンデンサ C_1, C_2, C_E のそれぞれの影響による低域遮断周波数 f_{L1}, f_{L2}, f_{ce}〔Hz〕を求めなさい。

〔答〕 $f_{L1} =$ _____ $f_{L2} =$ _____ $f_{ce} =$ _____

（3）回路全体での低域遮断周波数 f_L〔Hz〕を求めなさい。

〔答〕 $f_L =$ _____

■ **6** 図 2.42 の回路について，つぎの問に答えなさい。

（1） コンデンサ C_1, C_2, C_E の影響がないものとしたときの電圧増幅度 A_V と電圧利得 G_V〔dB〕を求めなさい。

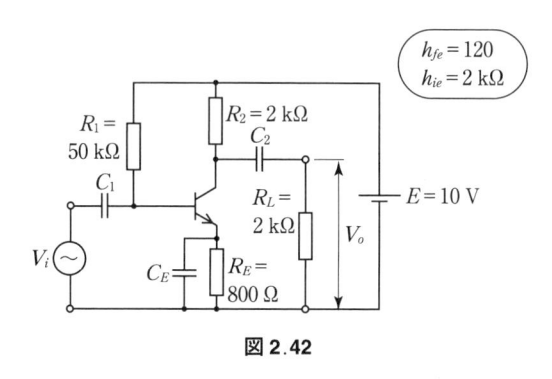

図 2.42

〔答〕 $A_V =$ _____ $G_V =$ _____

（2） C_E の影響による低域遮断周波数 f_{ce} を 100 Hz にするには，C_E〔μF〕をいくらにすればよいか。

ヒント !
$$f_{ce} = \frac{h_{fe}}{2\pi C_E h_{ie}}$$

〔答〕 $C_E =$ _____

3 いろいろな増幅回路

トレーニングのポイント

① **負帰還増幅回路**（図3.1）　帰還とは，出力の一部をなんらかの方法で入力へ戻すことをいい，入力信号と帰還信号の位相が逆相のとき負帰還という。位相が同相のときは正帰還という。

増幅回路の増幅度　$A_0 = \dfrac{V_o}{V_i - V_f}$

帰還回路の帰還率　$\beta = \dfrac{V_f}{V_o}$

負帰還増幅回路の増幅度　$A = \dfrac{A_0}{1 + \beta A_0}$

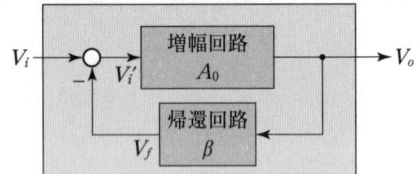

図3.1

② **エミッタ抵抗による負帰還**（図3.2）

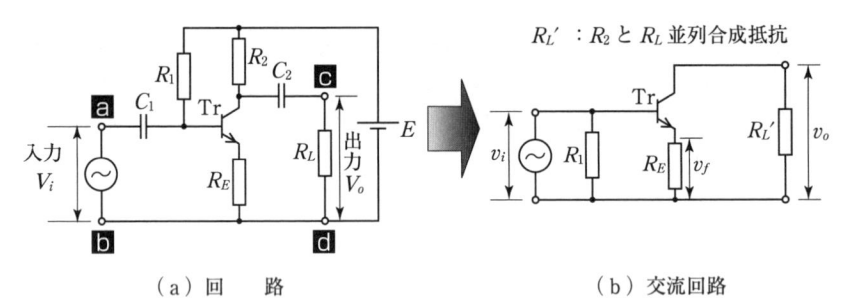

R_L'：R_2 と R_L 並列合成抵抗

（a）回　路　　　（b）交流回路

図3.2

$A_0 = \dfrac{R_L'}{h_{ie}} h_{fe}$　　$\beta = \dfrac{R_E}{R_L'}$　　$Z_i = h_{ie} + (1 + h_{fe}) R_E$

③ **2段増幅回路の負帰還**（図3.3）

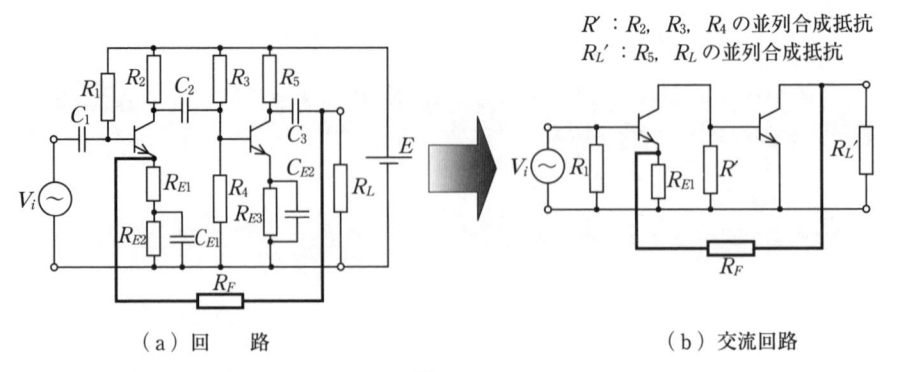

R'：R_2, R_3, R_4 の並列合成抵抗
R_L'：R_5, R_L の並列合成抵抗

（a）回　路　　　（b）交流回路

図3.3

$$A_1 = \frac{V_o'}{V_i} = \frac{R_{L1}' h_{fe1}}{h_{ie1} + (1 + h_{fe1})R_{E1}}, \quad R_{L1}' は R' と h_{ie2} の並列合成抵抗$$

$$A_2 = \frac{R_L'}{h_{ie2}} h_{fe2} \qquad A_0 = A_1 A_2 \qquad \beta = \frac{V_f}{V_o} = \frac{R_{E1}}{R_F + R_{E1}}$$

④ **エミッタホロワ** インピーダンスの変換をおもな目的として利用され，入力インピーダンスが大きく，出力インピーダンスが小さい。緩衝増幅器（バッファ）としても用いられる。

◆◆◆◆◆ ステップ 1 ◆◆◆◆◆

□ **1** つぎの文の（　）に適切な語句や数値を入れなさい。

(1) 回路の出力の一部をなんらかの方法で入力へ戻すことを（　）①といい，入力信号と帰還信号の位相が逆相のとき（　）②という。負帰還増幅回路は，（　）③が低下するが，（　）④特性が改善され，（　）⑤変化や電圧変動に対しても増幅度が安定する。

(2) 電圧増幅を目的としないで，インピーダンスの変換をおもな目的として利用される増幅回路が，（　）①である。また，入力インピーダンスが（　）②，出力インピーダンスが（　）③ため，増幅回路の負荷の変動によって他の回路の動作に影響が出ないようにする（　）④としても用いられる。

(3) エミッタホロワは，エミッタ抵抗 R_E の両端から出力を取る回路で，出力 V_o が全部（　）①され，電圧増幅度は（　）②である。

◆◆◆◆◆ ステップ 2 ◆◆◆◆◆

例題 1

図 3.4 の回路において，電圧増幅度 A および入力端子から見たインピーダンス Z_{i0} を求めなさい。ただし，C_E は，十分に容量の大きなコンデンサとする。

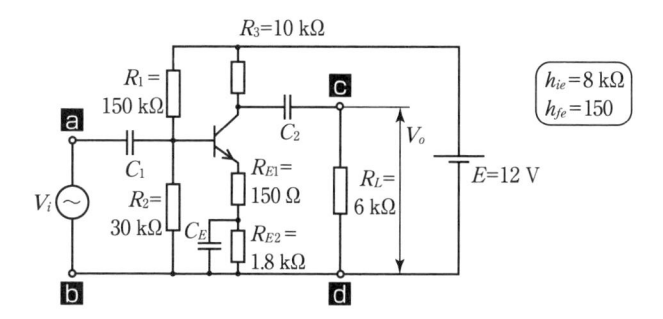

図 3.4

解答

等価回路を使って回路を表すと**図3.5**となる。

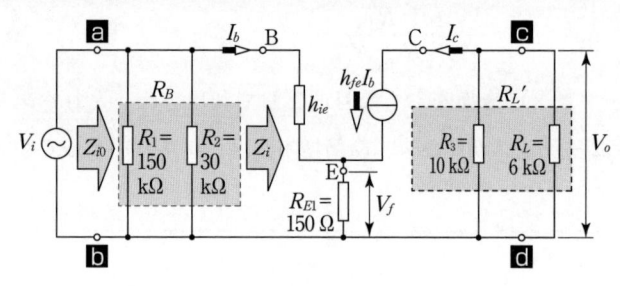

図3.5

$$R_L' = \frac{R_3 R_L}{R_3 + R_L} = \frac{10 \times 6}{10 + 6} = 3.75 \text{ k}\Omega$$

負帰還なしの増幅度 $A_0 = \dfrac{R_L'}{h_{ie}} h_{fe} = \dfrac{3.75}{8} \times 150 = 70.3$

帰還率 $\beta = \dfrac{R_{E1}}{R_L'} = \dfrac{150}{3\,750} = 0.04$

回路全体の電圧増幅度 $A = \dfrac{A_0}{1 + \beta A_0} = \dfrac{70.3}{1 + 0.04 \times 70.3} = 18.4$ 倍

$Z_i = h_{ie} + (1 + h_{fe})R_{E1} = 8 + (1 + 150) \times 0.15 = 30.7 \text{ k}\Omega$

$R_B = \dfrac{R_1 R_2}{R_1 + R_2} = \dfrac{150 \times 30}{150 + 30} = 25 \text{ k}\Omega$

$Z_{i0} = \dfrac{Z_i R_B}{Z_i + R_B} = \dfrac{30.7 \times 25}{30.7 + 25} = 13.8 \text{ k}\Omega$

□ **1** 図3.6の構成の負帰還増幅回路について，つぎの問に答えなさい。

ヒント！

$A = \dfrac{A_0}{1 + \beta A_0}$

$\beta = \dfrac{V_f}{V_o}$

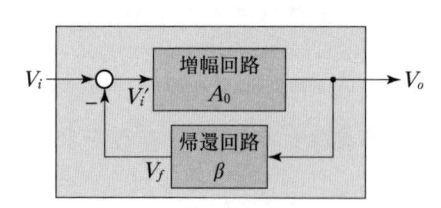

図3.6

（1） $A_0 = 800$，$\beta = 0.05$ のときの負帰還増幅回路の電圧増幅度 A を求めなさい。

答 $A =$ _____

(2) $A_0 = 1\,000$ で $A = 200$ にするには,帰還率 β をいくらにすればよいか。

答 $\beta =$ _____

(3) 負帰還増幅回路の出力電圧 V_o が $6\,\mathrm{V}$ で,帰還率 β が 0.05 であるとき,帰還電圧 V_f 〔V〕はいくらか求めなさい。

答 $V_f =$ _____

2 図 3.7 の回路について,つぎの問に答えなさい。

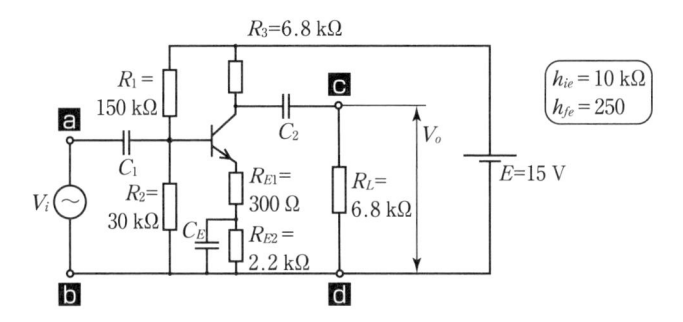

図 3.7

(1) R_{E2} に容量の十分大きなコンデンサ C_E を接続したとき,R_{E1} がないときの電圧増幅度 A_0 を求めなさい。

答 $A_0 =$ _____

(2) 回路の帰還率 β を求めなさい。

答 $\beta =$ _____

(3) 回路全体の電圧増幅度 A を求めなさい。

答 $A =$ _____

（4）トランジスタの入力インピーダンス Z_i 〔kΩ〕を求めなさい。

答 $Z_i =$ _____

（5）回路の入力端子から見た入力インピーダンス Z_{i0} 〔kΩ〕を求めなさい。

答 $Z_{i0} =$ _____

□ **3** 図 3.8 の回路について，つぎの問に答えなさい。

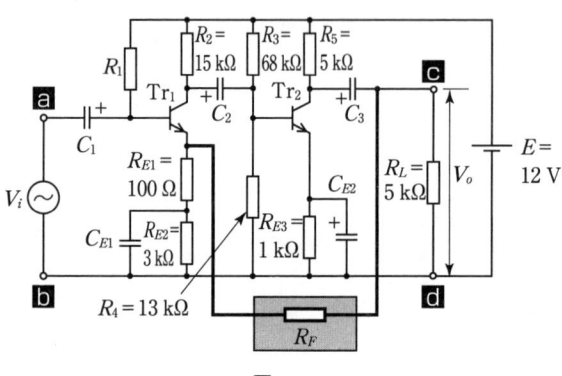

図 3.8

トランジスタの h パラメータ

	h_{ie}	h_{fe}
Tr₁	$h_{ie1} = 12$ kΩ	$h_{fe1} = 120$
Tr₂	$h_{ie2} = 3.7$ kΩ	$h_{fe2} = 160$

（1）図 3.8 の回路を h パラメータによる簡易等価回路によって表したとき，図 3.9 の①～⑥に当てはまる文字や式を答えなさい。

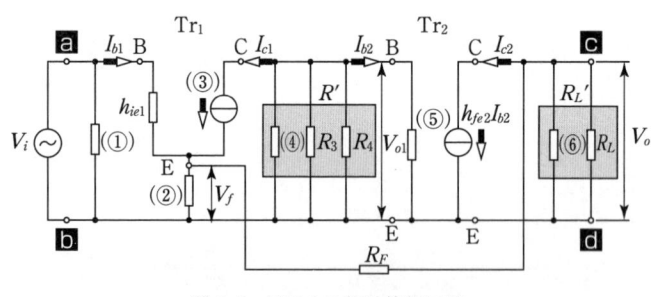

図 3.9 図 3.8 の簡易等価回路

①	
②	
③	
④	
⑤	
⑥	

（2）図 3.8 の簡易等価回路の R'〔kΩ〕を求めなさい。

答 $R' =$ _____

3. いろいろな増幅回路　51

(3) R_F をはずしたときの Tr_1 の電圧増幅度 A_1 を求めなさい。

ヒント!

$$R_{L1}' = \frac{R' h_{ie2}}{R' + h_{ie2}}$$

$$A_1 = \frac{R_{L1}' h_{fe1}}{h_{ie1} + (1 + h_{fe1}) R_{E1}}$$

[答] $A_1 =$ _____

(4) R_F をはずしたときの Tr_2 の電圧増幅度 A_2 を求めなさい。また，回路全体の増幅度 A_0 を求めなさい。

ヒント!

$$R_L' = \frac{R_5 R_L}{R_5 + R_L}$$

$$A_2 = \frac{R_L'}{h_{ie2}} h_{fe2}$$

$$A_0 = A_1 A_2$$

[答] $A_2 =$ _____　$A_0 =$ _____

(5) 回路の電圧増幅度を $A = 100$ にするためには，帰還率 β と R_F 〔kΩ〕をいくらにすればよいか求めなさい。

ヒント!

$$A = \frac{A_0}{1 + \beta A_0}$$

$$\beta = \frac{R_{E1}}{R_F + R_{E1}}$$

[答] $\beta =$ _____　$R_F =$ _____

□ **4** 図3.10の回路について，つぎの問に答えなさい。

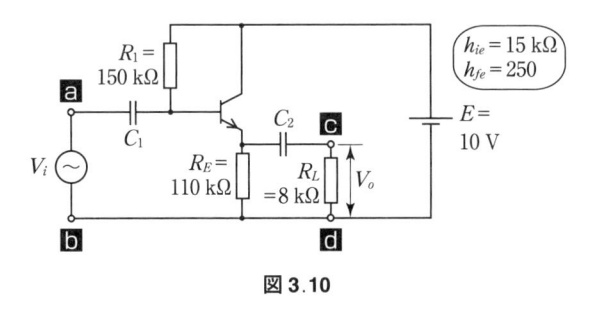

図3.10

(1) この回路の名称を答えなさい。

(2) この回路の電圧増幅度 A を求めなさい。

ヒント!

$$A = \frac{(1 + h_{fe}) R_L'}{h_{ie} + (1 + h_{fe}) R_L'}$$

[答] $A =$ _____

(3) 入力端子から見た入力インピーダンス Z_{i0} 〔kΩ〕を求めなさい。

ヒント!

$$Z_i = h_{ie} + (1 + h_{fe}) R_L'$$

$$Z_{i0} = \frac{R_1 Z_i}{R_1 + Z_i}$$

[答] $Z_{i0} =$ _____

5 図 3.11 の回路について，つぎの問に答えなさい。

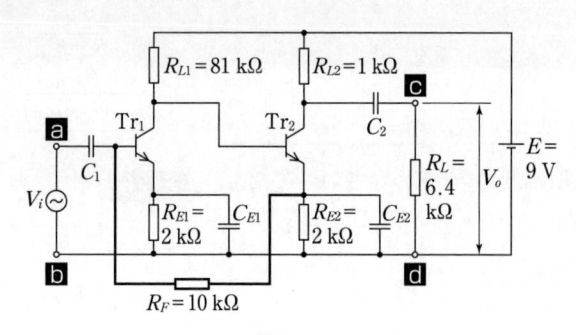

図 3.11

トランジスタの h パラメータ		
	h_{ie}	h_{fe}
Tr_1	$h_{ie1} = 15\ kΩ$	$h_{fe1} = 100$
Tr_2	$h_{ie2} = 9\ kΩ$	$h_{fe2} = 130$

(1) R_{L1} と h_{ie2} の並列合成抵抗 R_L' 〔kΩ〕および R_{L2} と R_L の並列合成抵抗 R_L'' 〔kΩ〕求めなさい。

答 $R_L' =$ _____ $R_L'' =$ _____

(2) Tr_1 の電圧増幅度 A_1 を求めなさい。

ヒント！
$$A_1 = \frac{R_L'}{h_{ie1}} h_{fe1}$$

答 $A_1 =$ _____

(3) Tr_2 の電圧増幅度 A_2 を求めなさい。

ヒント！
$$A_2 = \frac{R_L''}{h_{ie2}} h_{fe2}$$

答 $A_2 =$ _____

(4) 回路全体の電圧増幅度 A と電圧利得 G〔dB〕を求めなさい。

ヒント！
$A = A_1 A_2$
$G = 20 \log_{10} A$

答 $A =$ _____ $G =$ _____

4 演算増幅器

トレーニングのポイント

① **差動増幅回路（図 4.1）** 特性が同じ二つのトランジスタを使い，それぞれの入力電圧の差を増幅する回路を差動増幅回路という。

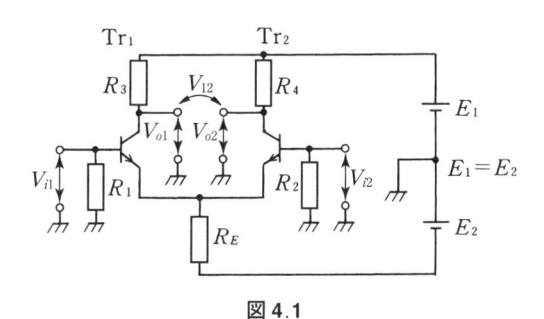

図 4.1

増幅度 $A_s = \dfrac{V_{o1}}{V_i} = \dfrac{1}{2} h_{fe} \dfrac{R_3}{h_{ie}}$, $A = \dfrac{V_{12}}{V_i} = 2A_s$

($V_i = V_{i1} - V_{i2}$, $V_{12} = V_{o1} - V_{o2}$)

② **演算増幅器（OP アンプ）**

(1) **反転増幅回路（逆相増幅回路）（図 4.2）** 入力信号を反転入力端子（−）に加え，出力信号の位相が入力信号に対して反転する負帰還の演算増幅回路。

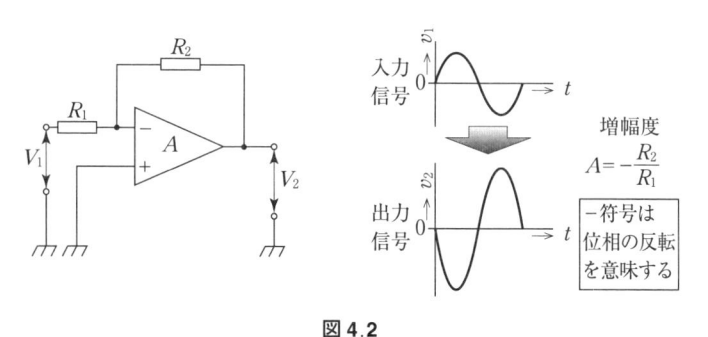

増幅度 $A = -\dfrac{R_2}{R_1}$

−符号は位相の反転を意味する

図 4.2

(2) **非反転増幅回路（同相増幅回路）（図 4.3）** 入力信号を非反転入力端子（＋）に加え，出力信号の位相が入力信号と同相になる負帰還の演算増幅回路。

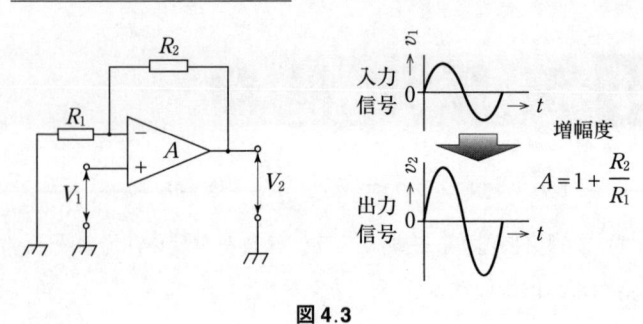

54   4. 演算増幅器

図4.3

③ **比較回路**　入力信号を基準電圧と比較して，基準電圧を境に出力が変わる回路を比較回路またはコンパレータという。

◆◆◆◆◆ ステップ 1 ◆◆◆◆◆

1 つぎの文の（　）に適切な語句を入れなさい。

(1) 特性が同じ二つのトランジスタを使い，それぞれの入力電圧の差を増幅する回路を（　　　）①という。この回路は，（　　　）②に強く，入出力にコンデンサを必要としないため，（　　　）③から増幅できる。また，二つの入力のうち一方を帰還入力にすれば，（　　　）④増幅回路が構成できる。

(2) 演算増幅器は，（　　　）①入力を持ち，増幅度が非常に大きく，（　　　）②から高い周波数の交流まで増幅できる。また，入力インピーダンスは（　　　）③，出力インピーダンスは（　　　）④。多くのものは（　　　）⑤化されている。

(3) 入力信号を基準電圧と比較して，基準電圧を境に出力が変わる回路を（　　　）①回路または（　　　）②といい，過電圧や過電流を検出して，電子回路や機器の（　　　）③などに使われる。

2 図4.4の回路の出力として正しいのは（a），（b），（c）のどれか。

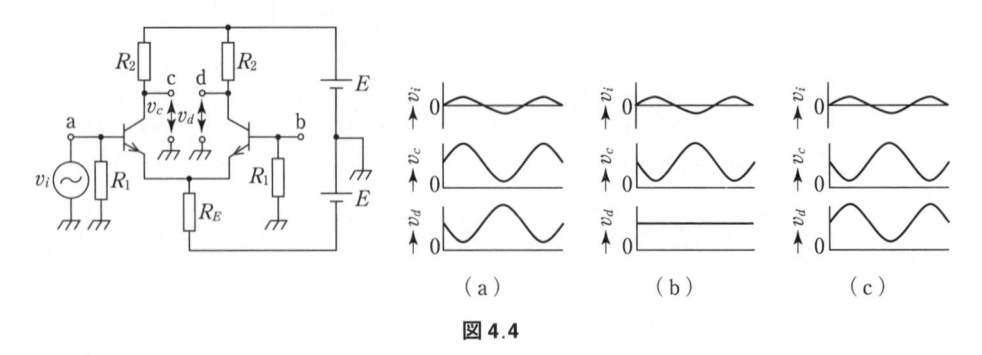

図4.4

答

□ **3** 図4.5の回路の出力として正しいのは(a), (b), (c)のどれか。

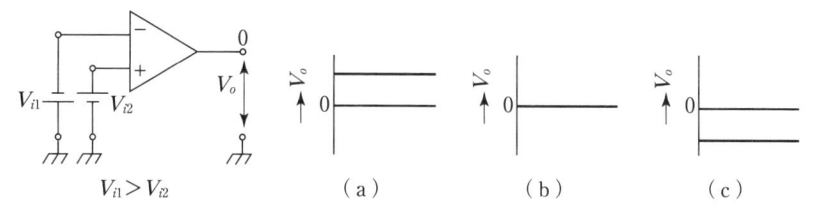

図4.5

答 _____

◆◆◆◆◆◆ ステップ 2 ◆◆◆◆◆◆

|||||||||| 例題 1 ||||||||||||||||||||||||||||||||||||||||||||||||||||||||||||||||||||||||||||||||||||||||||||||||||||

図4.6の回路について,つぎの問に答えなさい。ただし,$V_{BE}=0.6\,\text{V}$ とする。

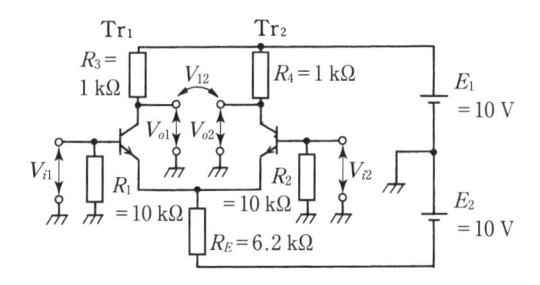

Tr_1,Tr_2 の特性	
h_{FE}	160
h_{fe}	160
h_{ie}	4 kΩ

図4.6

(1) バイアス I_B, I_C, V_{CE} を求めなさい。

(2) 片方のトランジスタの電圧増幅度 A_s を求めなさい。

(3) 両方のトランジスタ出力を得たときの電圧増幅度 A を求めなさい。

【解答】

(1) $E_2 = R_1 I_B + V_{BE} + 2R_E I_C = R_1 I_B + V_{BE} + 2R_E h_{FE} I_B$ から

$$I_B = \frac{E_2 - V_{BE}}{R_1 + 2R_E h_{FE}} = \frac{10 - 0.6}{10 \times 10^3 + 2 \times 6.2 \times 10^3 \times 160} = 4.71 \times 10^{-6}\,\text{A} = 4.71\,\mu\text{A}$$

$I_C = h_{FE} I_B = 160 \times 4.71 \times 10^{-6} = 0.754 \times 10^{-3}\,\text{A} = 0.754\,\text{mA}$

$E_1 + E_2 = R_3 I_C + V_{CE} + 2R_E I_C$ から

$V_{CE} = E_1 + E_2 - (R_3 + 2R_E) I_C = 10 + 10 - (1 + 2 \times 6.2) \times 0.754 = 9.90\,\text{V}$

(2) $A_s = \dfrac{V_{o1}}{V_i} = \dfrac{1}{2} h_{fe} \dfrac{R_3}{h_{ie}} = \dfrac{1}{2} \times 160 \times \dfrac{1 \times 10^3}{4 \times 10^3} = 20$ 倍

(3) $A = 2A_s = 2 \times 20 = 40$ 倍

4. 演算増幅器

❶ 図 4.7 の回路について，つぎの問に答えなさい。ただし，$V_{BE}=0.6$ V とする。

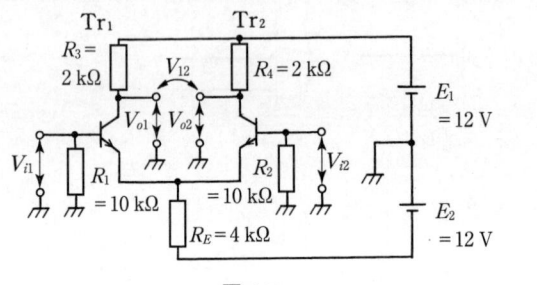

図 4.7

Tr₁, Tr₂ の特性

h_{FE}	200
h_{fe}	200
h_{ie}	4 kΩ

（1）バイアス I_B [μA]，I_C [mA]，V_{CE} [V] を求めなさい。

[答] $I_B=$ _____ $I_C=$ _____ $V_{CE}=$ _____

（2）片方のトランジスタの電圧増幅度 A_s を求めなさい。

[答] $A_s=$ _____

（3）両方のトランジスタ出力を得たときの電圧増幅度 A を求めなさい。

[答] $A=$ _____

❷ 図 4.8 の回路について，つぎの問に答えなさい。ただし，$V_{BE}=0.6$ V とする。

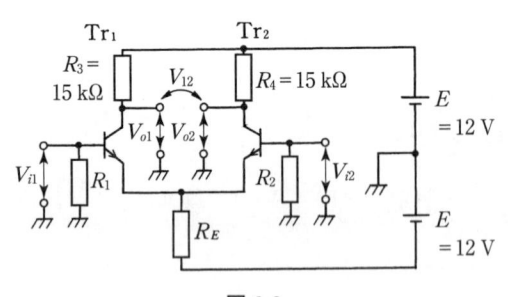

図 4.8

Tr₁, Tr₂ の特性

h_{FE}	100
h_{fe}	100
h_{ie}	5 kΩ

（1）バイアスを $I_B=5$ μA，$V_{CE}=6$ V にしたい。R_1，R_E [kΩ] をいくらにすればよいか求めなさい。

ヒント！
$I_C = h_{FE}I_B$
$2E = R_3 I_C + V_{CE} + 2R_E I_C$
$E = R_1 I_B + V_{BE} + 2R_E I_C$

[答] $R_1=$ _____ $R_E=$ _____

4. 演算増幅器　57

（2）片方のトランジスタの電圧増幅度 A_s を求めなさい。

答　$A_s = $ _____

（3）両方のトランジスタ出力を得たときの電圧増幅度 A を求めなさい。

答　$A = $ _____

□ **3**　図 4.9 の回路について，$R_1 = 2\ \text{k}\Omega$，$R_2 = 50\ \text{k}\Omega$ のとき，電圧増幅度 A を求めなさい。

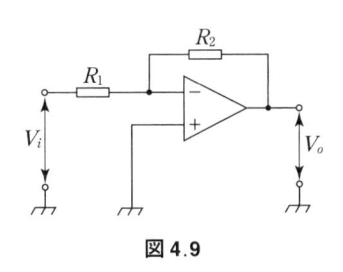

ヒント！　$A = -\dfrac{R_2}{R_1}$

図 4.9

答　$A = $ _____

□ **4**　図 4.10 の回路について，$R_1 = 4\ \text{k}\Omega$，$R_2 = 120\ \text{k}\Omega$ のとき，電圧増幅度 A を求めなさい。

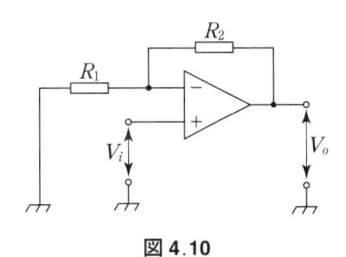

ヒント！　$A = 1 + \dfrac{R_2}{R_1}$

図 4.10

答　$A = $ _____

4. 演算増幅器

□ **5** 図 **4.11** の回路について，つぎの問に答えなさい。

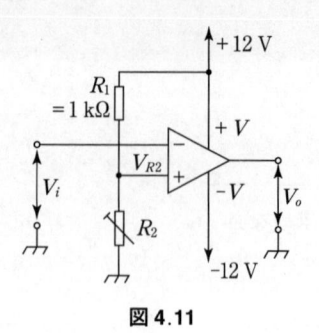

図 4.11

(1) 非反転入力端子（＋）の電圧 V_{R2} が 6 V のとき，R_2〔kΩ〕を求めなさい。

ヒント！
分圧比で求める。

答 $R_2 =$ _____

(2) $R_2 = 500\,\Omega$ のとき，**図 4.12** の点線のような入力電圧を加えた。出力電圧 V_o の波形を書きなさい。ただし，飽和電圧 V_s は 10 V とする。

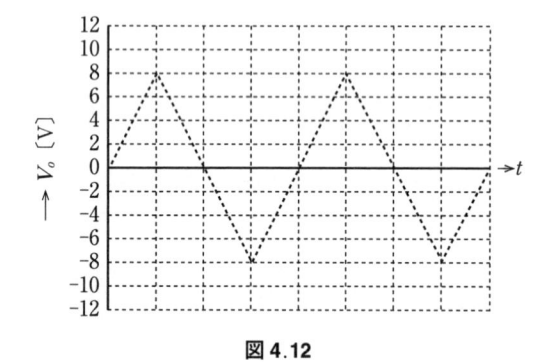

ヒント！
$V_{R2} = E \times \dfrac{R_2}{R_1 + R_2}$

図 4.12

5 電力増幅・高周波増幅回路

5.1 電力増幅回路

トレーニングのポイント

① A級シングル電力増幅回路（図5.1）

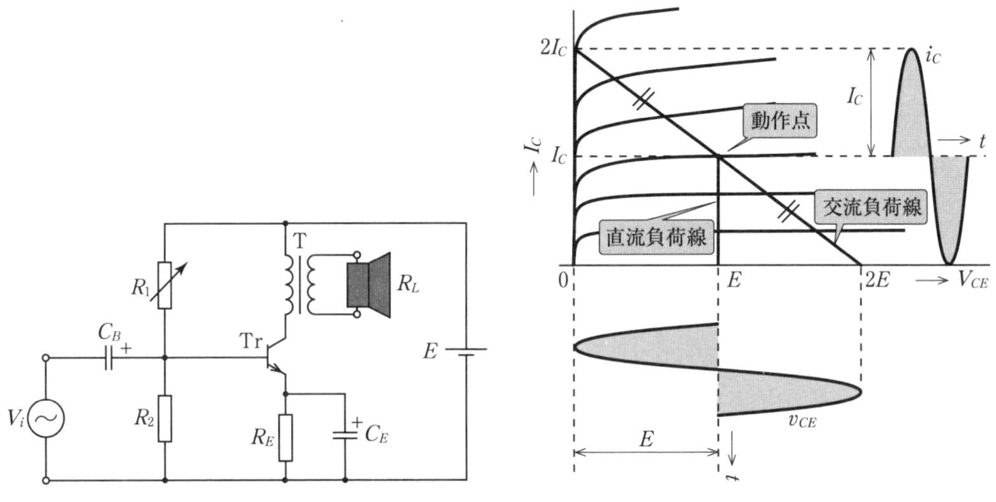

図5.1

(1) 変成器を用いて負荷に電力を供給する。
(2) 動作点を交流負荷線のほぼ中央において動作させる。
(3) 入力信号がない場合でも常に電力を消費する。
(4) 理想最大出力 $P_{om} = \dfrac{E^2}{2R_L'}$，効率 $\eta = 0.5$，最大コレクタ損 $P_{Cm} = 2P_{om}$

② 変成器の働き

(1) 電源電圧よりも大きな電圧まで動作範囲とすることができる。
(2) インピーダンス整合を行う。

$R_L' = a^2 R_L$ （a は巻数比）

③ B級プッシュプル電力増幅回路（図5.2）

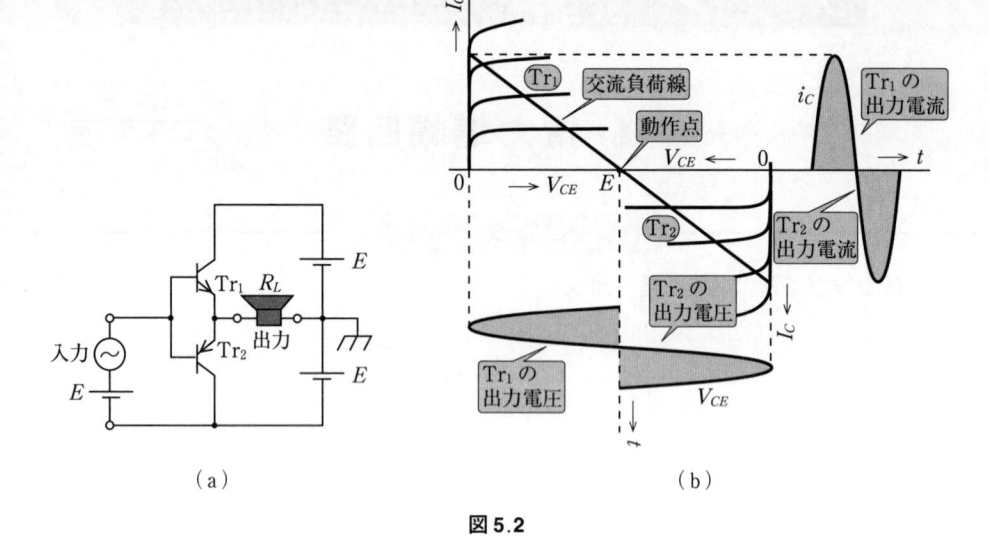

図5.2

(1) 二つのトランジスタを信号の半周期ずつ交互に動作させる。
(2) 動作点を $I_C=0$ となる位置において動作させる。
(3) 入力信号がない場合にはほとんど電力を消費しない。
(4) 理想最大出力 $P_{om}=\dfrac{E^2}{2R_L}$，効率 $\eta=0.785$，最大コレクタ損 $P_{Cm}=0.203P_{om}$

◆◆◆◆◆ ステップ 1 ◆◆◆◆◆

□ **1** つぎの文の（　）に適切な語句や記号，数値を入れなさい。

(1) A級シングル電力増幅回路は，動作に（　）①を用いる。これにより（　）②よりも大きな電圧まで動作範囲とすることができる。また，動作点を交流負荷線のほぼ（　）③で動作させるため，入力信号がない場合でも常に（　）④を消費している。

(2) B級プッシュプル電力増幅回路は（　）①個のトランジスタを用いて，信号の半周期ずつ交互に動作させる。また，動作点を $I_C=$（　）②となる位置において動作させるため，入力信号がない場合には，ほとんど（　）③を消費しない。なお，B級プッシュプル電力増幅回路では（　）④ひずみが生じないよう，トランジスタの入力側に（　）⑤のバイアス電圧を利用する。

(3) A級シングル電力増幅回路の効率は（　）①％，最大コレクタ損は理想最大出力電力の（　）②倍である。また，B級プッシュプル電力増幅回路の効率は（　）③％で，最大コレクタ損は理想最大出力電力の（　）④倍である。

◆◆◆◆◆ ステップ 2 ◆◆◆◆◆

例題 1

図5.3は変成器Tに交流電源と抵抗Rをつないだものである。つぎの問に答えなさい。ただし，$N_1=250$，$N_2=50$，$R=16\,\Omega$ とする。なお，変成器の損失は0とする。

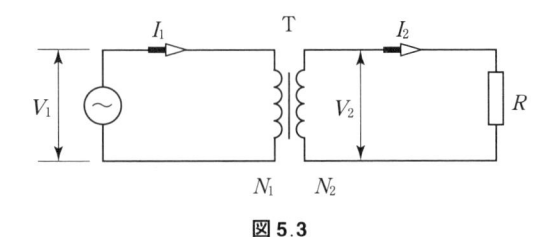

（1） 巻数比 a を求めなさい。

（2） V_1 に10Vを加えた。I_1を求めなさい。

（3） 一次側から見て，いくらの抵抗 R' をつないでいるように見えるか求めなさい。

図5.3

解答

（1） $a=\dfrac{N_1}{N_2}=\dfrac{250}{50}=5$

（2） $\dfrac{V_1}{V_2}=a$ から，$V_2=\dfrac{V_1}{a}=\dfrac{10}{5}=2\,\text{V}$，$I_2=\dfrac{V_2}{R}=\dfrac{2}{16}=0.125\,\text{A}$

$\dfrac{I_2}{I_1}=a$ から，$I_1=\dfrac{I_2}{a}=\dfrac{0.125}{5}=0.025\,\text{A}=25\,\text{mA}$

（3） $R'=\dfrac{V_1}{I_1}=\dfrac{10}{0.025}=400\,\Omega$，または，$R'=a^2R=5^2\times16=400\,\Omega$

例題 2

図5.4（a），（b）は，A級シングル電力増幅回路とB級プッシュプル電力増幅回路である。これらの回路についてつぎの問に答えなさい。ただし，$E=12\,\text{V}$，$R_L=4\,\Omega$，変成器Tの巻数比 $=2.45$ とする。

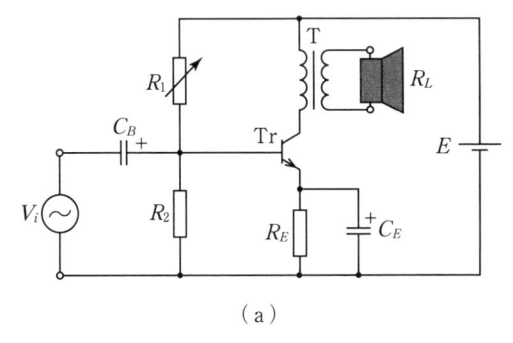

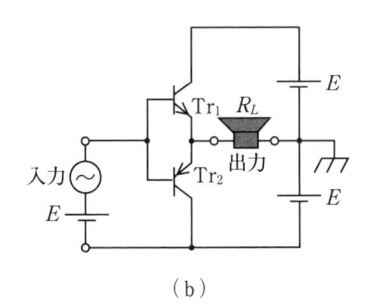

図5.4

（1） 理想最大出力電力 $P_{om}\,[\text{W}]$ を求めなさい。

（2） 理想最大出力電力を出している場合に，電源から供給される直流出力電力 P_{DC}〔W〕を求めなさい。

（3） トランジスタの最大コレクタ損 P_{Cm}〔W〕を求めなさい。

解答

（1） 図（a） $R_L' = a^2 R_L = 2.45^2 \times 4 = 24\ \Omega$

$$P_{om} = \frac{E^2}{2R_L'} = \frac{12^2}{2 \times 24} = 3\ \text{W}$$

図（b） $P_{om} = \frac{E^2}{2R_L} = \frac{12^2}{2 \times 4} = 18\ \text{W}$

（2） 図（a） $P_{DC} = \frac{P_{om}}{\eta} = \frac{P_{om}}{0.5} = 2 \times 3 = 6\ \text{W}$

図（b） $P_{DC} = \frac{P_{om}}{\eta} = \frac{P_{om}}{0.785} = \frac{18}{0.785} = 22.9\ \text{W}$

（3） 図（a） $P_{Cm} = 2P_{om} = 2 \times 3 = 6\ \text{W}$

図（b） $P_{Cm} = 0.203 P_{om} = 0.203 \times 18 = 3.65\ \text{W}$

□❶ 巻数比 $a = 6$ の変成器の二次側に $4\ \Omega$ の抵抗を接続すると，一次側にいくらの抵抗を接続したように見えるか求めなさい。

ヒント！ $R' = a^2 R$

〔答〕_____

□❷ 一次側 $100\ \Omega$，二次側 $8\ \Omega$ と表示されている変成器の巻数比 a を求めなさい。

ヒント！ $R' = a^2 R$ から $a = \sqrt{\dfrac{R'}{R}}$

〔答〕 $a = $ _____

□❸ 図5.4（a）のA級シングル電力増幅回路で，理想最大出力電力 P_{om}，直流出力電力 P_{DC}，最大コレクタ損 P_{Cm}〔W〕はいくらか。ただし，$E = 18\ \text{V}$，$R_L = 6\ \Omega$，変成器 T の巻数比 $= 4$ とする。

ヒント！ 例題2（a）を参考に解いてみよう。

〔答〕 $P_{om} = $ _____ $P_{DC} = $ _____ $P_{Cm} = $ _____

5.1 電力増幅回路

4 A級シングル電力増幅回路において，$E=20\,\text{V}$，$R_L=8\,\Omega$ で理想最大出力電力を $P_{om}=4\,\text{W}$ とするには，変成器のインピーダンス R_L' および巻数比 a をいくらにすればよいか。

ヒント！
$P_{om}=\dfrac{E^2}{2R_L'}$ から
$R_L'=\dfrac{E^2}{2P_{om}}$
$a=\sqrt{\dfrac{R'}{R}}$

答 $R_L'=$ _____ $a=$ _____

5 A級シングル電力増幅回路において，理想最大出力電力の場合の電源効率が $\eta=0.5$ となることを説明しなさい。

ヒント！
理想最大出力時の i_C は下図のようになる。

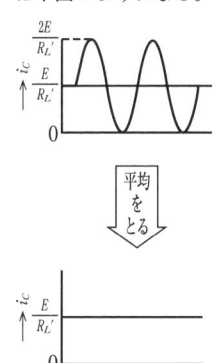

(縦軸 i_C：$\dfrac{2E}{R_L'}$，$\dfrac{E}{R_L'}$)

平均をとる

$i_C \to \dfrac{E}{R_L'}$

答 _____

6 図5.4(b)のB級プッシュプル電力増幅回路で，理想最大出力電力 P_{om}，直流出力電力 P_{DC}，最大コレクタ損 $P_{Cm}\,[\text{W}]$ はいくらか。ただし，$E=18\,\text{V}$，$R_L=8\,\Omega$ とする。

ヒント！
例題2(b)を参考に解いてみよう。

答 $P_{om}=$ _____ $P_{DC}=$ _____ $P_{Cm}=$ _____

7 B級プッシュプル電力増幅回路で，直流出力電力が $P_{DC}=19.1\,\text{W}$ であるとき，トランジスタの最大コレクタ損 $P_{Cm}\,[\text{W}]$ はいくらか。

ヒント！
$P_{DC}=\dfrac{P_{om}}{0.785}$ から
$P_{om}=0.785P_{DC}$
$P_{Cm}=0.203P_{om}$

答 $P_{Cm}=$ _____

5. 電力増幅・高周波増幅回路

□ **8** B級プッシュプル電力増幅回路において、負荷に $R_L=6\,\Omega$ のスピーカを使用し、理想最大出力電力 $P_{om}=12\,\mathrm{W}$ を得るには、電源 $E\,[\mathrm{V}]$ の値をいくら以上にすればよいか。

ヒント！
$P_{om}=\dfrac{E^2}{2R_L}$ から
$E=\sqrt{2P_{om}R_L}$

〔答〕 $E=$ _____

□ **9** 最大定格 $P_{Cm}=5\,\mathrm{W}$ のトランジスタ（コンプリメンタリ形）がある。このトランジスタを使えば、どのぐらいの理想最大出力 $P_{om}\,[\mathrm{W}]$ を得るB級プッシュプル電力増幅回路を製作することができるか。

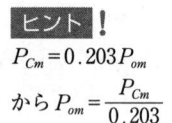

ヒント！
$P_{Cm}=0.203P_{om}$
から $P_{om}=\dfrac{P_{Cm}}{0.203}$

〔答〕 $P_{om}=$ _____

□ **10** B級プッシュプル電力増幅回路において、理想最大出力電力の場合の電源効率が $\eta=0.785$ となることを説明しなさい。

ヒント！
理想最大出力時の i_C は下図のようになる。

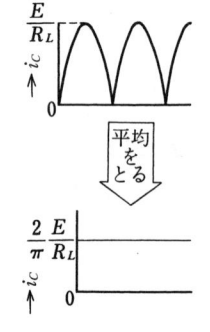

平均をとる

〔答〕 _____

5.2 高周波増幅回路

トレーニングのポイント

① 回路の特徴（図 5.5）

（1）同調回路によって目的の周波数信号を取り出す。

（2）コレクタ出力容量 C_{ob} が小さく，トランジション周波数が高いトランジスタを用いる。

（3）接地を広く取り，できるだけ配線を短くするなどの対策を取る必要がある。

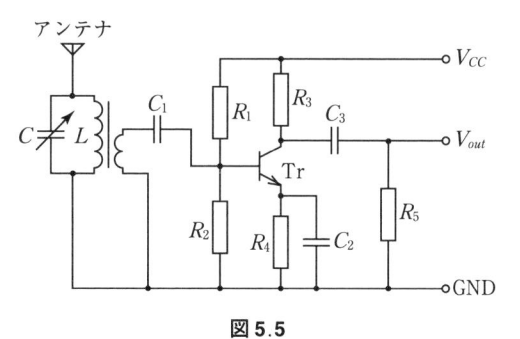

図 5.5

② 同調回路の特性　L と C による並列共振回路

（1）同調周波数　$f_0 = \dfrac{1}{2\pi\sqrt{LC}}$

（2）周波数帯域幅　$B = f_2 - f_1 = \dfrac{f_0}{Q}$ 〔Hz〕

（f_2，f_1 は，最大出力電圧から 3 dB 低下した出力の周波数）

なお，$Q = \dfrac{\omega_0 L}{r} = \dfrac{1}{\omega_0 C r} = \dfrac{1}{r}\sqrt{\dfrac{L}{C}}$

◆◆◆◆◆ ステップ 1 ◆◆◆◆◆

1 つぎの文の（　）に適切な語句や記号，数値を入れなさい。

（1）高周波増幅回路は，ラジオやテレビジョンなどの（　）①で用いられるような数百 kHz 以上の高い周波数の信号を増幅する場合に用いられ，LC 並列共振回路によって構成される（　）②によって，目的の周波数信号を取り出す。

（2）高周波増幅回路では，（　）①の原因となる正帰還を防ぐため，（　）②が小さいトランジスタや，周波数が高い場合にも（　）③の減少が小さい（　）④が高いトランジスタを用いる。

（3）高周波増幅回路を製作する際には，配線間の（　）①をできるだけ小さくするため，できるだけ配線を短くし，（　）②を広く取るなどの対策を講じる必要がある。

ステップ 2

例題 3

図 **5.6** の回路について，つぎの問に答えなさい。ただし，$L=0.22$ mH，$C=330$ pF，$r=15\,\Omega$ とする。

(1) 同調周波数 f_0 [kHz] を求めなさい。
(2) 回路の Q を求めなさい。
(3) 周波数帯域幅 B [kHz] を求めなさい。

[解答]

(1) $f_0 = \dfrac{1}{2\pi\sqrt{LC}} = \dfrac{1}{2\pi\sqrt{0.22\times 10^{-3}\times 330\times 10^{-12}}} = 591$ kHz

(2) $Q = \dfrac{\omega_0 L}{r} = \dfrac{2\pi f_0 L}{r} = \dfrac{2\pi\times 591\times 10^3\times 0.22\times 10^{-3}}{15} = 54.5$

(3) $B = \dfrac{f_0}{Q} = \dfrac{591}{54.5} = 10.8$ kHz

図 **5.6**

1 同調周波数 $f_0=455$ kHz の同調回路で $B=9$ kHz とするには，回路の Q をいくらにすればよいか。

ヒント！ $Q=\dfrac{f_0}{B}$

[答] $Q=$ _____

2 図 5.6 の回路について，つぎの問に答えなさい。ただし，$L=0.33$ mH，$C=470$ pF，$r=20\,\Omega$ とする。

(1) 同調周波数 f_0 [kHz] を求めなさい。

[答] $f_0=$ _____

(2) 回路の Q を求めなさい。

ヒント！ 例題を参考に解いてみよう。

[答] $Q=$ _____

(3) 周波数帯域幅 B [kHz] を求めなさい。

[答] $B=$ _____

6 電力増幅回路の設計

トレーニングのポイント

① 設計回路（図6.1）

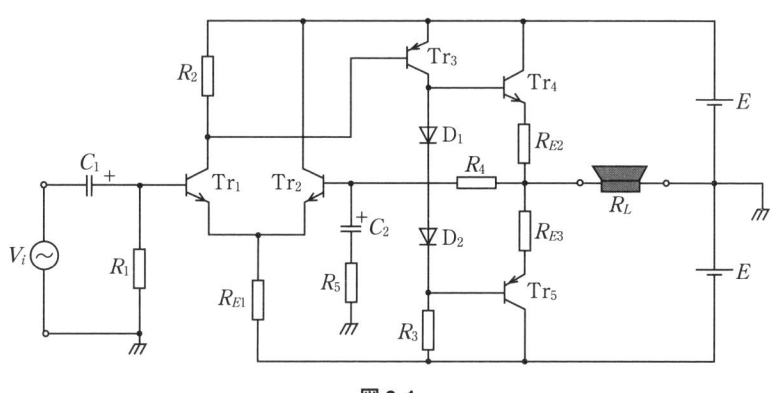

図6.1

② 設計仕様と設計により求める値（表6.1）

表6.1

設計仕様	求める値
a. 最大出力電力（P_{om}）	a. 電源電圧（E）
b. 最大入力電圧（V_{im}）	b. トランジスタの定格（$Tr_1 \sim Tr_5$）
c. 負荷抵抗（R_L）	c. 抵抗（$R_1 \sim R_5$, $R_{E1} \sim R_{E3}$）
d. 入力インピーダンス（Z_i）	d. コンデンサ（C_1, C_2）
e. 低域遮断周波数（f_L）	e. ダイオードの定格（D_1, D_2）

③ 設計手順

（1）E　　$E > \sqrt{2 P_{om} R_L}$

（2）Tr_4, Tr_5 の最大定格　　$I_{Cm} = \dfrac{E}{R_L}$, $V_{CEm} = 2E$, $P_{Cm} = 0.203 P_{om}$ で求めた値以上の最大定格を持つトランジスタとする。

（3）R_{E2}, R_{E3}　　$R_{E2} = R_{E3} = \dfrac{V_{RE}}{I_{Cm}}$, ただし, V_{RE} は 0.5〜1.0 V 程度

（4）Tr_3 のバイアス　　$I_{C3} > I_{Bm}$, ただし, I_{Bm} は Tr_4・Tr_5 における最大出力時のベース電流 $I_{Bm} = \dfrac{I_{Cm}}{h_{FE}}$

　　$V_{CE3} = E - V_D$, $V_D = 0.6$ V

（5）R_3　　$R_3 = \dfrac{2E - (V_{CE3} + 2 V_D)}{I_{C3}}$

（6）Tr_3 の最大定格　　$I_{Cm3} = \dfrac{2E}{R_3}$, $V_{CEm3} = 2E$, $P_{Cm3} = V_{CE3} I_{C3}$ で求めた以上の最大定

68   6. 電力増幅回路の設計

格を持つトランジスタとする。

(7) Tr_1, Tr_2 の定格　　雑音が少なく，特性のそろったトランジスタとする。

(8) Tr_1, Tr_2 のバイアス　　$I_{C1}=I_{C2}$, I_{C1} は $0.1〜1\,\mathrm{mA}$ とする。
なお，I_{C1} の一部は Tr_3 の I_{B3} となる。ただし，$I_{B3}=\dfrac{I_{C3}}{h_{FE}}$（$h_{FE}$ は Tr_3 の値）

(9) R_1, R_2, R_{E1}　　$R_1=Z_i$, $R_2=\dfrac{V_{BE3}}{I_{C1}-I_{B3}}$, $R_{E1}=\dfrac{E-V_{BE1}}{2I_{E1}}$, ただし，$V_{BE3}$ と V_{BE1} は $0.6〜0.7\,\mathrm{V}$ とする。

(10) 回路全体の増幅度（A_V）と帰還率（$β$）　　$A_V=\dfrac{V_{om}}{V_{im}}$, ただし，$V_{om}=\sqrt{P_{om}R_L}$, $β=\dfrac{1}{A_V}$

(11) R_4, R_5　　$R_4=R_1$, $R_5=\dfrac{β}{1-β}R_4$

(12) C_1, C_2　　$C_1 \gg \dfrac{1}{2πf_L R_1}$, $C_2 \gg \dfrac{1}{2πf_L R_5}$

(13) D_1, D_2 の定格　　シリコンダイオードで，せん頭順電流が I_{Cm3} より大きいものを選ぶ。

◆◆◆◆◆ ステップ 1 ◆◆◆◆◆

1 つぎの文の（　）に適切な語句や記号，数値を入れなさい。

(1) 電力増幅回路では（　）①を考慮し，余裕を持った設計を行う。ただし，設計通りの値を持つ素子や部品が入手できるとは限らないため，その場合には近似値のうち（　）②を超えないものを選ぶ。

(2) 設計した回路を製作した後には，動作確認の他，設計仕様を満たす（　）①が得られているかどうかを測定から確認する。

◆◆◆◆◆ ステップ 2 ◆◆◆◆◆

||||||||| 例題 1 |||||||||||||||||||||||||||||||||||||||||||||||||||||||||||

つぎの仕様の電力増幅回路を設計しなさい。ただし，回路は図 6.1 とし，トランジスタは**表 6.2**，**表 6.3** の中から選択するものとする。

最大出力電力 $P_{om}=8\,\mathrm{W}$, スピーカのインピーダンス $R_L=6\,\mathrm{Ω}$

最大入力電圧 $V_{im}=100\,\mathrm{mV}$, 入力インピーダンス $Z_i=47\,\mathrm{kΩ}$

低域遮断周波数 $f_L=30\,\mathrm{Hz}$

表6.2 電圧増幅用

Tr	形	最大定格			h_{FE}
		I_C [mA]	V_{CEO} [V]	P_C [W]	
(ア)	npn	100	30	0.3	240
(イ)	npn	150	50	0.4	160
(ウ)	pnp	200	50	0.6	120
(エ)	pnp	600	30	0.8	120
(オ)	pnp	400	50	1	160

表6.3 電力増幅用

Tr コンプリメンタリ	最大定格			h_{FE}
	I_C [A]	V_{CEO} [V]	P_C [W]	
(カ)	1	50	1.2	180
(キ)	1.5	50	1.5	160
(ク)	2	30	2	160
(ケ)	3	50	5	120
(コ)	5	120	10	160

解 答

(1) E　$E > \sqrt{2P_{om}R_L} = \sqrt{2 \times 8 \times 6} = 9.80$ V

損失と扱いやすい電圧を考え，$E = 12$ V とする。

(2) **Tr₄, Tr₅ の最大定格**　$I_{Cm} = \dfrac{E}{R_L} = \dfrac{12}{6} = 2$ A, $V_{CEm} = 2E = 2 \times 12 = 24$ V,

$P_{Cm} = 0.203 P_{om} = 0.203 \times 8 = 1.62$ W

よって，表6.3 より（ク）の Tr を用いる。

(3) R_{E2}, R_{E3}　$R_{E2} = R_{E3} = \dfrac{V_{RE}}{I_{Cm}} = \dfrac{1.0}{2} = 0.5$ Ω, ただし，$V_{RE} = 1.0$ V とする。

(4) **Tr₃ のバイアス**　$I_{C3} > I_{Bm}$, ただし，$I_{Bm} = \dfrac{I_{Cm}}{h_{FE}} = \dfrac{2}{160} = 12.5$ mA

ここでは，$I_{C3} = 40$ mA とする。

$V_{CE3} = E - V_D = 12 - 0.6 = 11.4$ V, ただし，$V_D = 0.6$ V とする。

(5) R_3　$R_3 = \dfrac{2E - (V_{CE3} + 2V_D)}{I_{C3}} = \dfrac{2 \times 12 - (11.4 + 2 \times 0.6)}{0.04} = 285$ Ω

ここでは，I_{C3} の値が設定を超えないよう $R_3 = 300$ Ω とする。

(6) **Tr₃ の最大定格**　$I_{Cm3} = \dfrac{2E}{R_3} = \dfrac{2 \times 12}{300} = 80$ mA, $V_{CEm3} = 2E = 24$ V

$P_{Cm3} = V_{CE3} I_{C3} = 11.4 \times 0.04 = 0.456$ W

よって，表6.2 より（ウ）の Tr とする。

(7) **Tr₁, Tr₂ の定格**　表6.2 より（イ）の Tr とする。

(8) **Tr₁, Tr₂ のバイアス**　$I_{C1} = I_{C2} = 0.5$ mA とする。

なお，I_{C1} の一部は Tr₃ の I_{B3} となる。ただし，

$$I_{B3} = \frac{I_{C3}}{h_{FE}} = \frac{0.04}{120} = 0.333 \text{ mA}$$

(9) **R_1, R_2, R_{E1}**　$R_1 = Z_i = 47 \text{ k}\Omega$, $V_{BE3} = 0.7$ V とすれば

$$R_2 = \frac{V_{BE3}}{I_{C1} - I_{B3}} = \frac{0.7}{0.5 - 0.333} = 4.19 \text{ k}\Omega$$

ここでは，$R_2 = 4.3 \text{ k}\Omega$ とする。

$V_{BE1} = 0.6$ V, $I_{E1} \fallingdotseq I_{C1}$ とすれば

$$R_{E1} = \frac{E - V_{BE1}}{2 I_{E1}} = \frac{12 - 0.6}{2 \times 0.5} = 11.4 \text{ k}\Omega$$

ここでは，$R_{E1} = 12 \text{ k}\Omega$ とする。

(10) **回路全体の増幅度（A_V）と帰還率（β）**　$V_{om} = \sqrt{P_{om} R_L} = \sqrt{8 \times 6} = 6.93$ V

$$A_V = \frac{V_{om}}{V_{im}} = \frac{6.93}{0.1} = 69.3, \quad \beta = \frac{1}{A_V} = \frac{1}{69.3} = 0.0144$$

(11) **R_4, R_5**　$R_4 = R_1 = 47 \text{ k}\Omega$, $R_5 = \frac{\beta}{1-\beta} R_4 = \frac{0.0144}{1 - 0.0144} \times 47 = 0.687 \text{ k}\Omega$

ここでは，$R_5 = 680 \ \Omega$ とする。

(12) **C_1, C_2**　$C_1 \gg \dfrac{1}{2\pi f_L R_1} = \dfrac{1}{2\pi \times 30 \times 47 \times 10^3} = 0.113 \times 10^{-6}$ F

$$C_2 \gg \frac{1}{2\pi f_L R_5} = \frac{1}{2\pi \times 30 \times 680} = 7.80 \times 10^{-6} \text{ F}$$

10 倍程度の余裕をもって，$C_1 = 1 \ \mu\text{F}$, $C_2 = 100 \ \mu\text{F}$ とする。

(13) **D_1, D_2 の定格**　シリコンダイオードで，せん頭順電流が $I_{Cm3} = 40$ mA より大きいこと。

□ **1** つぎの仕様の電力増幅回路を設計しなさい。ただし，回路は図 6.1 のものとし，トランジスタは表 6.2，表 6.3 から選ぶものとする。

【ヒント】
例題を参考に解いてみよう。

最大出力電力 $P_{om} = 15$ W，スピーカのインピーダンス $R_L = 8 \ \Omega$

最大入力電圧 $V_{im} = 200$ mV，入力インピーダンス $Z_i = 47 \text{ k}\Omega$

低域遮断周波数 $f_L = 20$ Hz

(1) E　　(2) Tr_4, Tr_5 の最大定格　　(3) R_{E2}, R_{E3}

(4) Tr_3 のバイアス　(5) R_3　(6) Tr_3 の最大定格

(7) Tr_1, Tr_2 の定格　(8) Tr_1, Tr_2 のバイアス

(9) R_1, R_2, R_{E1}　(10) 回路全体の増幅度 A_V と帰還率 β

(11) R_4, R_5　(12) C_1, C_2　(13) D_1, D_2 の定格

7 発振回路

―― トレーニングのポイント ――

① **発振回路の原理**

(1) **回路構成** 図7.1のように,増幅回路に正帰還をかけて作られる。

(2) **発振条件** 発振にはつぎの二つの条件が必要である。

① 利得条件 …… $A\beta > 1$

ただし $A = \dfrac{V_o}{V_i}, \beta = \dfrac{V_f}{V_o}$

$A\beta = 1$ で発振継続

② 位相条件 …… V_f と V_i が同相

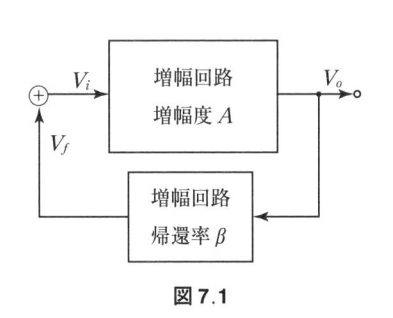

図7.1

② **発振回路の種類**

(1) **LC発振回路** 帰還回路をLCで構成する(表7.1)。

表7.1

コレクタ同調形	ベース同調形	エミッタ同調形	コルピッツ形	ハートレー形
$\dfrac{1}{2\pi\sqrt{LC}}$	$\dfrac{1}{2\pi\sqrt{LC}}$	$\dfrac{1}{2\pi\sqrt{LC}}$	$\dfrac{1}{2\pi\sqrt{L_1 C_0}}$ $C_0 = \dfrac{C_1 C_2}{C_1 + C_2}$	$\dfrac{1}{2\pi\sqrt{L_0 C_1}}$ $L_0 = L_1 + L_2 + 2M$

(2) **水晶発振回路** LC発振回路のLまたはCの代わりに水晶振動子を使ったもので,周波数安定度がよい。

$\dfrac{1}{2\pi\sqrt{6}\,RC}$

(3) **RC発振回路** 帰還回路をRCで構成する(図7.2)。

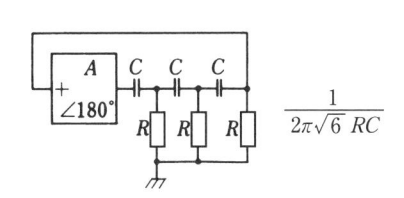

図7.2 移相形

(4) VCOは電圧制御発振回路と呼ばれ,入力の電圧によって発振周波数を制御することのできる発振器である。可変容量ダイオードなどを利用し,発振周波数を変化させる。

7. 発振回路

（5） PLL 発振回路は，入力信号と VCO 出力信号の位相や周波数を比較し，VCO 出力側を特定の位相や周波数に固定する回路。

◆◆◆◆ ステップ 1 ◆◆◆◆

例題 1

図 7.3（a），（b），（c）の発振回路について，つぎの問に答えなさい。

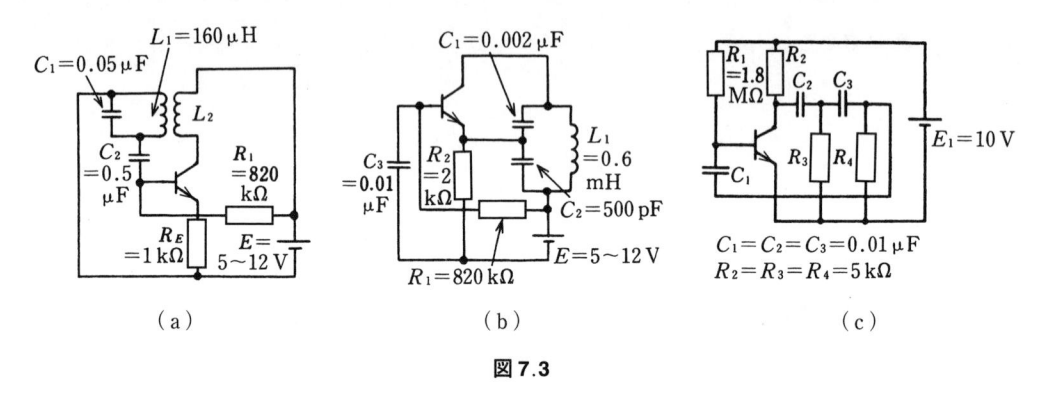

図 7.3

（1） 交流回路を書き，発振回路名を示しなさい。
（2） 発振周波数を求めなさい。

解 答

（1）（a） R_1，R_E はバイアス用の抵抗。C_2 は直流阻止用（カップリング）。$L_1 C_1$ の共振回路に誘導された電圧がベースに帰還されている。

（b） コンデンサ C_1，C_2 で L_1 の電圧が分割され，トランジスタのベースに加わっている。

（c） R_1 はバイアス用の抵抗。R_2，R_3，R_4 を C_1，C_2，C_3 を通してベースに帰還されている。

以上から，交流回路と発振回路名は図 7.4 のとおり。

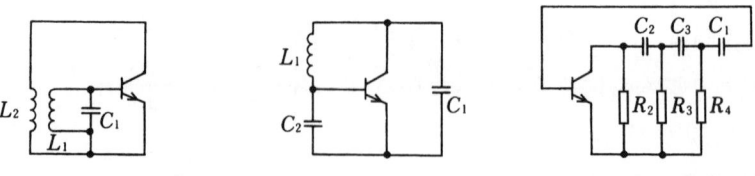

（a） ベース同調形発振回路　（b） コルピッツ発振回路　（c） 移相形発振回路

図 7.4

（2）（a），（b）は同調形の発振回路であるから，発振周波数は共振回路の共振周波数となる。

（c）は移相形になるので，発振周波数は $\dfrac{1}{2\pi\sqrt{6}\,RC}$ で求まる。

7. 発振回路

(a) $f = \dfrac{1}{2\pi\sqrt{L_1 C_1}} = \dfrac{1}{2\pi\sqrt{160\times 10^{-6}\times 0.005\times 10^{-6}}} \fallingdotseq 178\times 10^3 \text{ Hz} = 178 \text{ kHz}$

(b) $f = \dfrac{1}{2\pi\sqrt{L_1 C_0}}$, $C_0 = \dfrac{C_1 C_2}{C_1 + C_2} = \dfrac{0.002\times 10^{-6}\times 500\times 10^{-12}}{0.002\times 10^{-6} + 500\times 10^{-12}} = 400\times 10^{-12}\text{ F}$

$f = \dfrac{1}{2\pi\sqrt{600\times 10^{-6}\times 400\times 10^{-12}}} \fallingdotseq 325\times 10^3 \text{ Hz} = 325 \text{ kHz}$

(c) $f = \dfrac{1}{2\pi\sqrt{6}\, R_2 C_2} = \dfrac{1}{2\pi\sqrt{6}\times 5\times 10^3\times 0.01\times 10^{-6}} \fallingdotseq 1.30\times 10^3 \text{ Hz} = 1.3 \text{ kHz}$

□**1** 発振回路が発振するための二つの条件を簡単に説明しなさい。

〔答〕_____

□**2** 図7.5(a),(b),(c)の発振回路名と発振周波数を求める式を示しなさい。

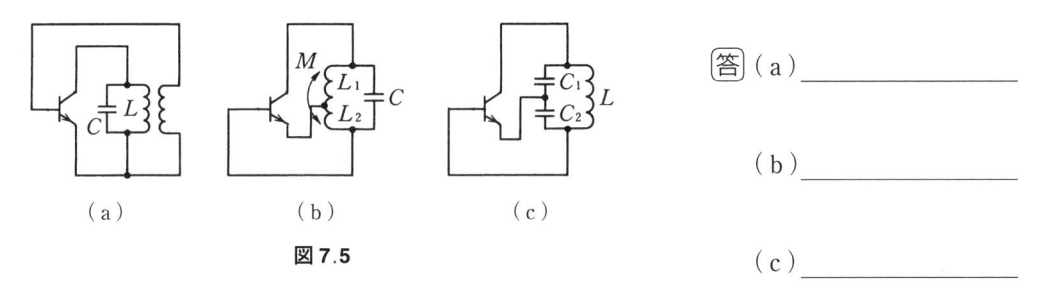

図7.5

〔答〕(a)_____

(b)_____

(c)_____

□**3** 図7.6の発振回路名と発振周波数を求める式を示しなさい。

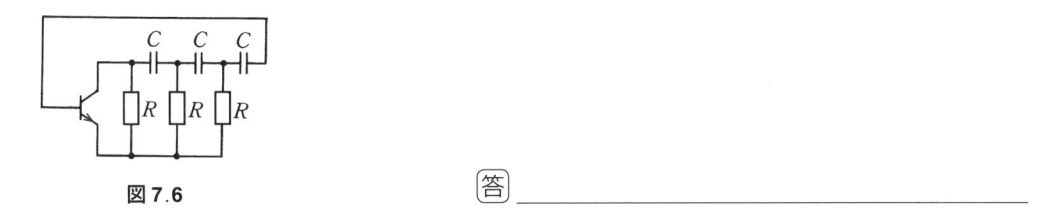

図7.6

〔答〕_____

□**4** VCOで可変容量ダイオードの容量を C_{Vl}, コイルのインダクタンスを L としたとき，発振周波数を求める式を示しなさい。

〔答〕_____

□**5** PLL発振回路の基本構成図（図7.7）の空欄に当てはまる語句を記入しなさい。

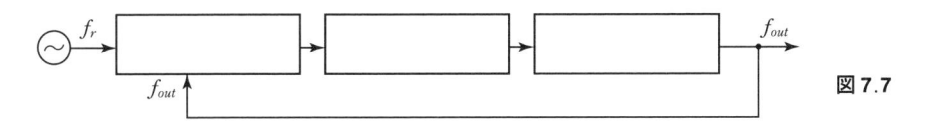

図7.7

ステップ 2

□ **1** 図 7.8（a），（b），（c）の発振回路の交流回路を書き，発振回路名と発振周波数を求めなさい。

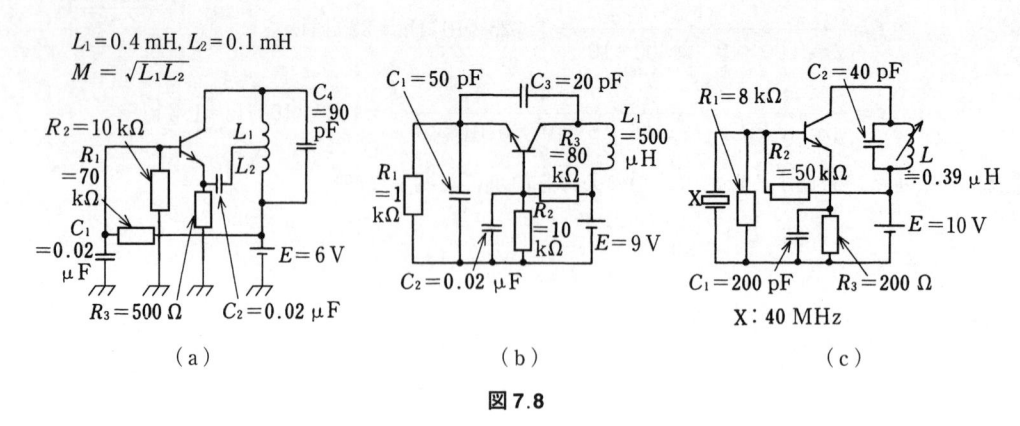

$L_1 = 0.4$ mH, $L_2 = 0.1$ mH
$M = \sqrt{L_1 L_2}$

(a) $R_2 = 10$ kΩ, $R_1 = 70$ kΩ, $C_1 = 0.02$ μF, $R_3 = 500$ Ω, $C_2 = 0.02$ μF, $C_4 = 90$ pF, $E = 6$ V

(b) $C_1 = 50$ pF, $C_3 = 20$ pF, $R_1 = 1$ kΩ, $R_3 = 80$ kΩ, $R_2 = 10$ kΩ, $L_1 = 500$ μH, $C_2 = 0.02$ μF, $E = 9$ V

(c) $R_1 = 8$ kΩ, $R_2 = 50$ kΩ, $C_2 = 40$ pF, $L = 0.39$ μH, $C_1 = 200$ pF, $R_3 = 200$ Ω, $E = 10$ V, X：40 MHz

図 7.8

答 （a）＿＿＿＿＿＿＿＿＿ （b）＿＿＿＿＿＿＿＿＿
　　（c）＿＿＿＿＿＿＿＿＿

□ **2** 図 7.9 の移相形発振回路において，発振に必要なトランジスタの h_{fe} は 29 以上であることを証明しなさい。

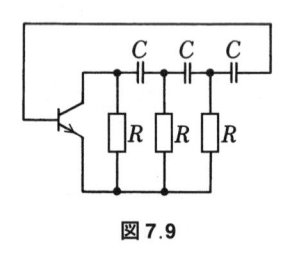

図 7.9

ヒント !
等価回路は下図となる。

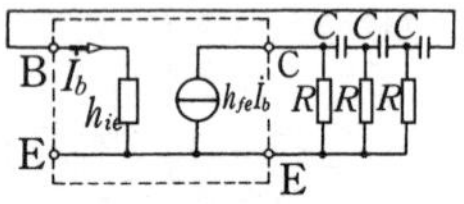

（a）全体回路

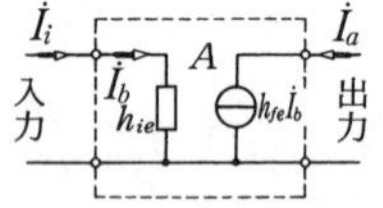

（b）増幅回路

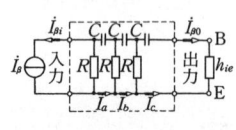

（c）帰還回路

答 ＿＿＿＿＿＿＿＿＿＿＿＿＿＿＿＿＿＿＿＿＿＿＿＿＿＿＿＿＿

7. 発振回路

❸ 図7.10の回路で V_o と V_f が同相になる周波数 f を求めなさい。また、そのときの $\dfrac{V_o}{V_f}$ はいくらか。

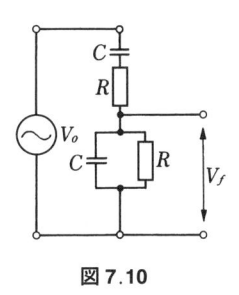

ヒント！
CR の直列インピーダンスを Z_s、CR の並列インピーダンスを Z_p とすると
$$V_f = \frac{Z_p}{Z_s + Z_p} V_o$$
となる。
V_f と V_o が同相となるのは
$$\frac{Z_p}{Z_s + Z_p}$$
の虚数部が 0 になるときである。

図7.10

答 $f = \dfrac{1}{2\pi CR}$ $\dfrac{V_o}{V_f} = 3$

❹ 図7.11のような特性を持つ可変容量ダイオードを使用した VCO がある。$V_R = 6\,\mathrm{V}$ としたときの可変容量ダイオードの容量 $C_{VI}\,[\mathrm{pF}]$ を求め、そのときの発振周波数 $f\,[\mathrm{MHz}]$ を求めなさい。ただし、コイルのインダクタンス $L = 0.5\,\mathrm{mH}$ とする。

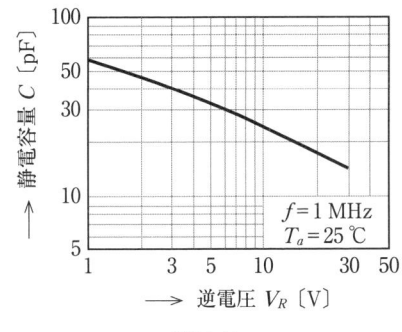

図7.11

答 $C_{VI} = 35\,\mathrm{pF}$ $f \approx 1.2\,\mathrm{MHz}$

8 パルス回路

> **トレーニングのポイント**
>
> ① **トランジスタのスイッチング作用**　トランジスタは，入力信号（ベース-エミッタ間電圧）でコレクタ-エミッタ間を導通（ON）または遮断（OFF）させることができる。この働きはスイッチの開閉動作と同じ働きであるため，スイッチング作用といい，パルス回路でよく利用される。
>
> ② **非安定マルチバイブレータ**　方形パルスを自動的・継続的に出力する。
>
> ③ **微分回路と積分回路**　入力を微分した出力が得られる回路を微分回路，入力を積分した出力が得られる回路を積分回路という。
>
> ④ **波形整形回路**
>
> （1） **ピーククリッパ回路**　入力波形の上部を設定された電圧で切り取る回路
>
> （2） **ベースクリッパ回路**　入力波形の下部を設定された電圧で切り取る回路
>
> （3） **クランプ回路**　入力信号の基準レベルをある特定の電圧に固定させる回路
>
> （4） **リミッタ回路**　入力波形の振幅を制限する回路
>
> （5） **スライサ回路**　入力波形の狭い一部分を切り出す回路
>
> （6） **シュミット回路**　入力ノイズを吸収し，波形を整形する回路

◆◆◆◆◆ **ステップ　1** ◆◆◆◆◆

□ **1**　つぎの文の（　　）に適切な語句や記号を入れなさい。

（1）　パルス回路では，トランジスタに（　　　　　）①の開閉動作と同じ働きをさせるスイッチング作用がよく利用される。スイッチング作用では，（　　　　　　）②間電圧で，（　　　　　　）③間を導通（ON）または遮断（OFF）させることができる。

（2）　**図 8.1** においてトランジスタが ON のとき，$I_C =$（　　　　）①，$V_{CE} =$（　　　　）②であり，このときトランジスタは（　　　）③領域で動作している。一方，トランジスタが OFF

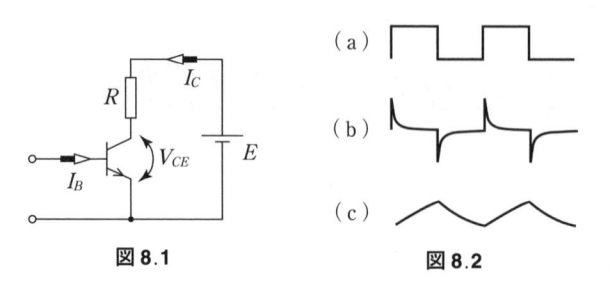

図 8.1

図 8.2

のとき，$I_C =$（　　　）④，$V_{CE} =$（　　　）⑤であり，トランジスタは（　　　）⑥領域で動作している。

(3) **図 8.2**(a)の連続の方形パルスが入力されたとき，図(b)の波形を出力する回路を（　　　）①回路といい，図(c)の波形を出力する回路を（　　　）②回路という。

□ **2** つぎの(1)〜(6)の回路に**図 8.3**(a)の波形を入力すると，図(b)〜(f)のいずれかの波形が出力される。(1)〜(6)の回路が出力する波形を(b)〜(f)の記号で答えなさい。

(1) ピーククリッパ回路　（　　　）
(2) ベースクリッパ回路　（　　　）
(3) クランプ回路　　　　（　　　）
(4) リミッタ回路　　　　（　　　）
(5) スライサ回路　　　　（　　　）

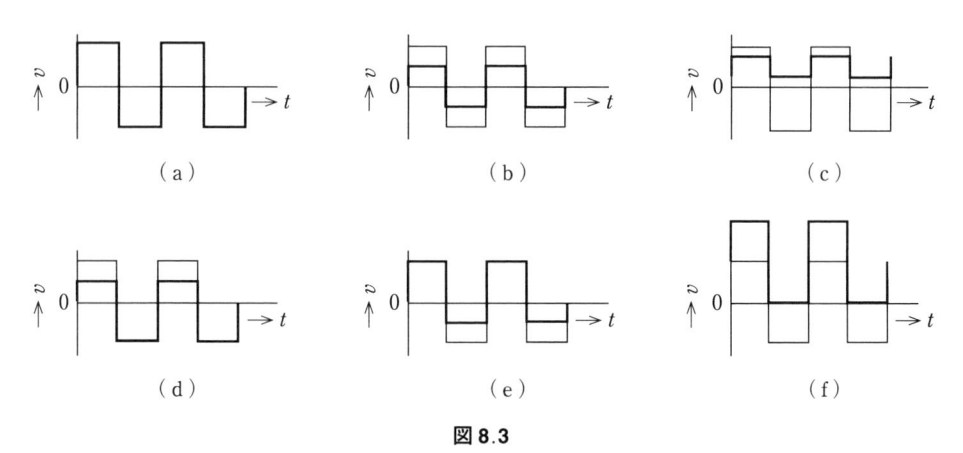

図 8.3

◆◆◆◆◆ **ステップ 2** ◆◆◆◆◆

□ **1** **図 8.4**のトランジスタを利用した非安定マルチバイブレータについて，つぎの問に答えなさい。

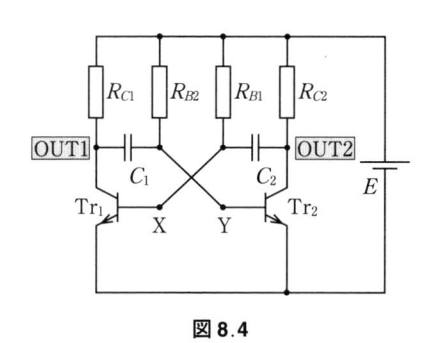

図 8.4

8. パルス回路

(1) $E=8$ V, $R_{B1}=R_{B2}=290$ kΩ, $C_1=C_2=0.01$ μF であるとき, OUT1 と OUT2 に出力される方形パルスの周期 T [ms] と周波数 f [Hz] を求めなさい。また, OUT1 と OUT2 の概略を図 **8.5** に示しなさい。

ヒント!
OUT1 に電源電圧が出力されている時間(Tr_1 が OFF している時間)
$T_1=0.69R_{B1}C_2$ [s]

ヒント!
OUT2 に電源電圧が出力されている時間(Tr_2 が OFF している時間)
$T_2=0.69R_{B2}C_1$ [s]

ヒント!
OUT1, OUT2 に出力される方形パルスの周期
$T=T_1+T_2$
$=0.69(R_{B1}C_2+R_{B2}C_1)$ [s]

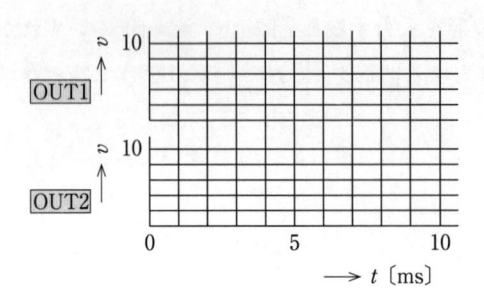

図 **8.5**

[答] $T=$ _____
　　$f=$ _____

(2) OUT1 に図 **8.6** の方形パルスが出力された。$C_1=0.05$ μF, $C_2=0.01$ μF である。このときの R_{B1} と R_{B2} [kΩ] を求めなさい。

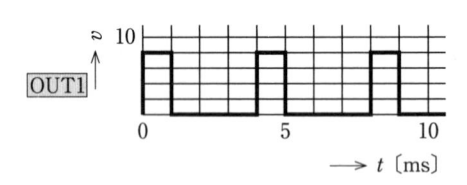

図 **8.6**

[答] $R_{B1}=$ _____
　　$R_{B2}=$ _____

(3) OUT1 と OUT2 に出力される方形パルスの周波数 f が 100 Hz であった。$R_{B1}=870$ kΩ, $R_{B2}=115$ kΩ, $C_1=0.05$ μF であるとき, C_2 の値 [μF] を求めなさい。

[答] $C_2=$ _____

❷ 図 **8.7** の C-MOS(NOT 回路)を利用した非安定マルチバイブレータについて, つぎの問に答えなさい。

8. パルス回路

図 8.7

(1) $R = 50\,\text{k}\Omega$，$C = 0.02\,\mu\text{F}$ であるとき，出力される方形パルスの周期 T〔ms〕と周波数 f〔Hz〕を求めなさい。

ヒント!
図 8.7 の回路で出力される方形パルスの周期
$T = 2.2RC$

答　$T =$ _____　$f =$ _____

(2) 出力される方形パルスの周波数 f が $10\,\text{kHz}$ であった。$C = 0.002\,\mu\text{F}$ であるとき，R の値〔kΩ〕を求めなさい。

答　$R =$ _____

3 図 8.8 の微分回路と図 8.9 の積分回路について，つぎの問に答えなさい。

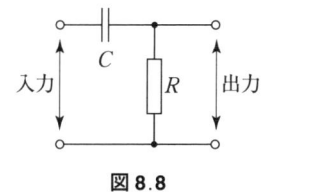

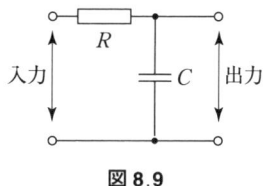

図 8.8　　図 8.9

(1) つぎの①〜③の条件の微分回路に，図 8.10 の波形を入力すると，図 8.11（a）〜（c）のいずれかの波形が出力される。①〜③の条件の微分回路が出力する波形を（a）〜（c）の記号で答えなさい。

① $RC \ll T_w$（　　　）
② $RC = T_w$（　　　）
③ $RC \gg T_w$（　　　）

ヒント!
微分回路の出力電圧
$v = E\varepsilon^{-\frac{1}{RC}}$

(2) つぎの①〜③の条件の積分回路に，図 8.12 の波形を入力すると，図 8.13（a）〜（c）のいずれかの波形が出力される。①〜③の条件の積分回路が出力する波形を（a）〜（c）の記号で答

ヒント!
積分回路の出力電圧
$v = E\left(1 - \varepsilon^{-\frac{1}{RC}}\right)$

80　8. パ ル ス 回 路

微分回路　入出力波形

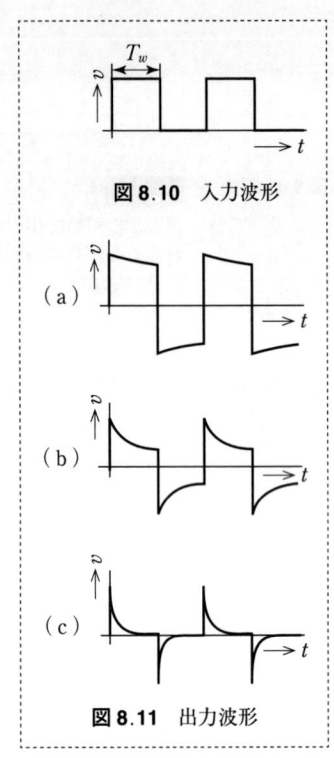

図 8.10　入力波形

(a)

(b)

(c)

図 8.11　出力波形

積分回路　入出力波形

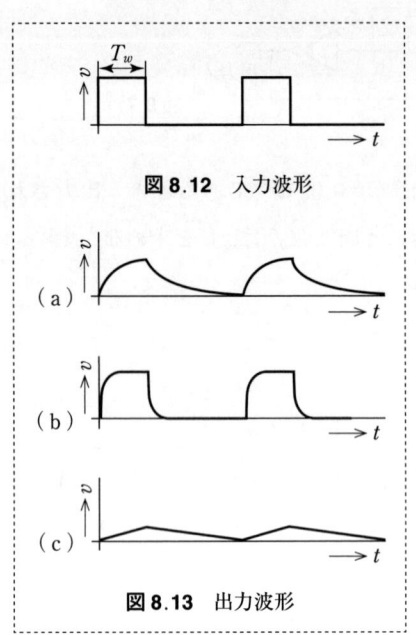

図 8.12　入力波形

(a)

(b)

(c)

図 8.13　出力波形

えなさい。

① $RC \ll T_w$ （　　　）

② $RC = T_w$ （　　　）

③ $RC \gg T_w$ （　　　）

□ **4**　図 8.14 の波形をシュミット回路に入力したとき，どのような出力波形となるか。このシュミット回路は，論理 H 出力時に E〔V〕，論理 L 出力時に 0 V を出力する。また，$V_{T+} > V_{T-}$ である。

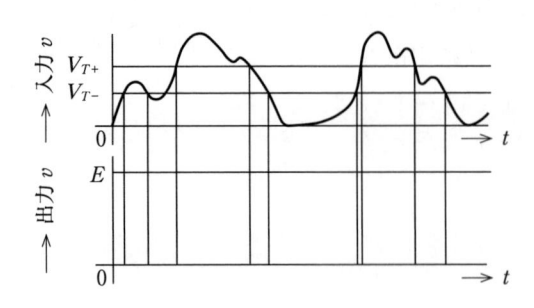

図 8.14

ヒント！

入力信号が V_{T+} と V_{T-} の間にあるときは，同じ入力値であっても，その入力信号が小さくなって V_{T+} と V_{T-} の間にあるのか，逆に大きくなって V_{T+} と V_{T-} の間にあるかで出力値が異なる（前者の場合は論理 H を出力し，後者の場合は論理 L を出力する）。このように現在の状態が過去の状態に依存する特性を履歴特性という。

9 変調・復調回路

トレーニングのポイント

① **変調・復調の原理** 搬送波と音声信号などの信号を混合することを変調という。混合した信号からもとの信号を取り出すことを復調という。

② **変調・復調の種類**

(1) **振幅変調・周波数変調・位相変調・パルス変調（表9.1）**

表9.1

変調の種類		波形
振幅変調	AM	
周波数変調	FM	
位相変調	PM	
パルス変調	パルス振幅変調	PAM
	パルス幅変調	PWM
	パルス位置変調（パルス位相変調）	PPM
	パルス符号変調	PCM

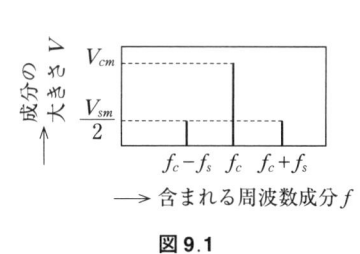

図9.1

(2) 振幅変調した波形は，f_c と f_s+f_c（上側波帯という）と f_s-f_c（下側波帯という）の周波数成分の正弦波を合成したものである（**図9.1**）。

(3) 振幅変調した度合いを表すのに，変調度 m を用いる（**表9.2**）。

表9.2

変調度	$m = \dfrac{V_{sm}}{V_{cm}} \times 100$〔％〕	$m = \dfrac{A-B}{A+B} \times 100$〔％〕
振幅変調度		

(4) 周波数変調の占有帯域幅 $B = 2(\Delta f + f_s\text{の最高値})$, $\Delta f = \dfrac{\Delta \omega}{2\pi}$ で求めることができる。

◆◆◆◆◆ ステップ 1 ◆◆◆◆◆

例題 1

単一正弦波信号 $v_s = V_{sm} \sin \omega_s t$ で，搬送波 $v_c = V_{cm} \sin \omega_c t$ を振幅変調した場合，変調波を示す式を導きなさい。

[解答]

図 9.2 の包絡線は，搬送波の振幅 V_{cm} に信号波 $v_s = V_{sm} \sin \omega_s t$ を加えたものなので

　　　包絡線　$V_{cm} + v_s = V_{cm} + V_{sm} \sin \omega_s t$

振幅変調波 v_{AM} は，この包絡線を振幅とするので

　　　振幅変調波　$v_{AM} = \left(V_{cm} + V_{sm} \sin \omega_s t\right) \sin \omega_c t$

$$= V_{cm}\left(1 + \dfrac{V_{sm}}{V_{cm}} \sin \omega_s t\right) \sin \omega_c t$$

ここで，$\dfrac{V_{sm}}{V_{cm}}$ を変調度といい，m で表すと

$$v_{AM} = V_{cm}(1 + m \sin \omega_s t) \sin \omega_c t$$
$$= V_{cm} \sin \omega_c t + m V_{cm} \sin \omega_s t \sin \omega_c t$$

加法定理 $\sin \alpha \sin \beta = \dfrac{1}{2}\{\cos(\alpha - \beta) - \cos(\alpha + \beta)\}$ から

$$v_{AM} = \underbrace{V_{cm} \sin \omega_c t}_{\text{搬送波}} + \underbrace{\dfrac{mV_{cm}}{2} \cos(\omega_c - \omega_s)t}_{\text{下側波帯}} - \underbrace{\dfrac{mV_{cm}}{2} \cos(\omega_c + \omega_s)t}_{\text{上側波帯}}$$

　　信号波　　　　　　　　　　　　　　　　　　　$v_s = V_{sm} \sin \omega_s t$

　　搬送波　　　　　　　　　　　　　　　　　　　$v_c = V_{cm} \sin \omega_c t$

　　　　　　　　包絡線　$V_{cm} + V_{sm} \sin \omega_s t$

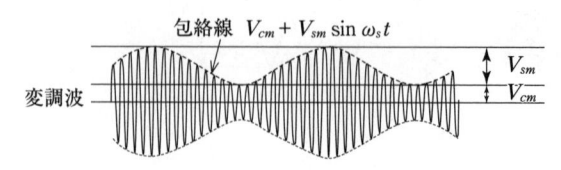

　　変調波　　　　　　　　　　　　　　　　　　　V_{sm}　V_{cm}

図 9.2

9. 変調・復調回路

❶ f_s の信号波を f_c の搬送波で振幅変調した周波数スペクトルを図示し，上側波帯と下側波帯を示しなさい。

答 _____

❷ 振幅変調の場合，信号波の最高周波数を f_{sm} とすれば占有帯域幅 B を求める式を示しなさい。

答 _____

❸ 振幅変調回路で，変調後の波形が**図 9.3** のようになったとき，この変調度 m を求める式を書きなさい。

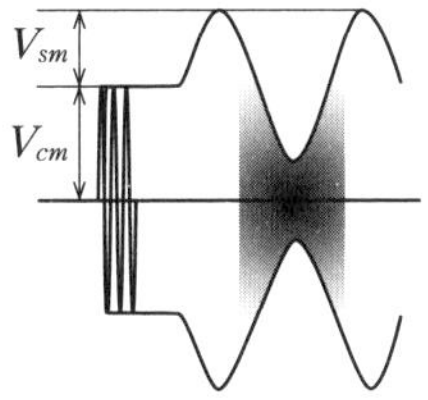

図 9.3

答 _____

❹ 搬送波 f_c，信号波 f_s，変調指数 $m=2$ で周波数変調したときの周波数スペクトルを図示しなさい。

答 _____

◆◆◆◆◆ ステップ 2 ◆◆◆◆◆

❶ 振幅変調で信号波の最高周波数 4.5 kHz のときの占有帯域幅 B 〔kHz〕を求めなさい。

答 $B=$ _____

9. 変調・復調回路

□ **2** 周波数変調で信号波の周波数の最高値が15 kHz, 最大周波数偏移が80 kHzのときの占有帯域幅 B〔kHz〕を求めなさい。

答 $B =$ _____

□ **3** 振幅変調で変調後の波形が図9.4のようになった。搬送波の振幅が100 mV, 信号波の振幅が15 mVのときの変調度 m〔%〕を求めなさい。

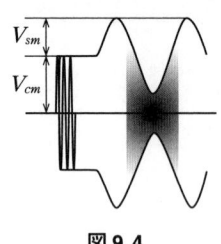

図9.4

答 $m =$ _____

□ **4** 振幅変調で変調後の波形が図9.5のようになった。Aの大きさが125 mV, Bの大きさが75 mVのときの変調度 m〔%〕を求めなさい。

ヒント！
変調度
$$m = \frac{A-B}{A+B} \times 100 \text{〔%〕}$$

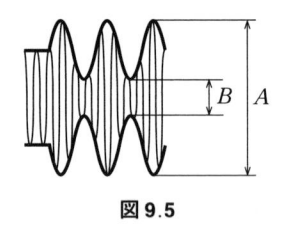

図9.5

答 $m =$ _____

□ **5** 振幅変調された変調波を観測したところ, 最大振幅が8 V, 最小振幅が2 Vであった。このときの変調度 m〔%〕を求めなさい。

答 $m =$ _____

□ **6** 図9.6の包絡線復調回路の各点の波形を示しなさい。

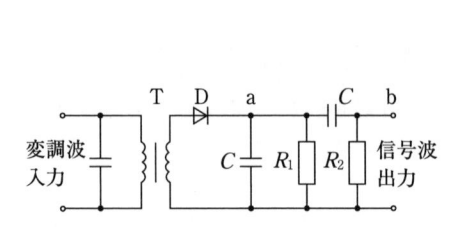

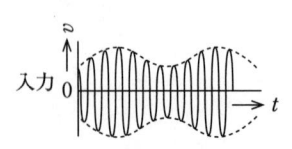

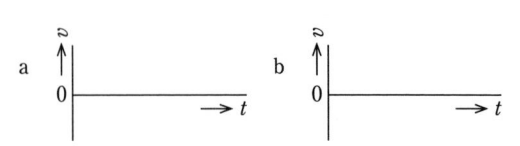

図9.6

10 直流電源回路

トレーニングのポイント

① **整流回路**　交流から直流を得る回路を整流回路といい，半波整流と全波整流がよく使われる。

② **安定化直流電源**

(1) **定電圧ダイオードによる安定化**　図 10.1 の回路で $E - R_0 I_L > V_T$ である限り，$V_0 = V_T$ で保たれる。

(a) 回　路　　(b) 定電圧ダイオードの特性

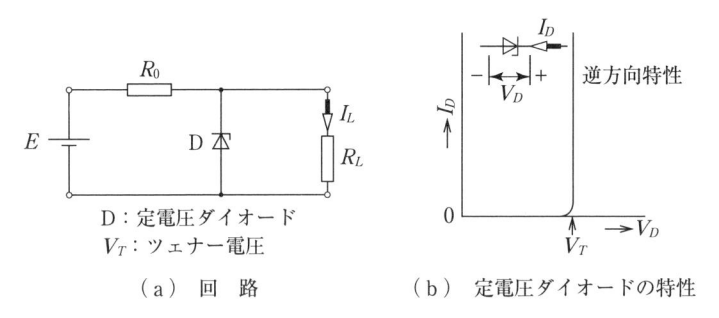

D：定電圧ダイオード
V_T：ツェナー電圧

図 10.1

(2) **三端子レギュレータ**　定電圧回路を簡単に構成できる電圧制御用 IC として用いられる。余分なエネルギーを熱に変換するため効率が悪いが，簡単に定電圧回路を作れるためよく使用されている。

(3) **スイッチ形安定化電源回路**（図 10.2）　トランジスタのスイッチング作用を利用し動作する。熱損失する電力が少なく，電源装置の小形・軽量化ができる。ノイズを発生しやすいので，安定度に影響を与える。

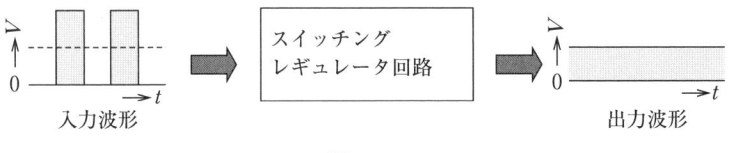

図 10.2

10. 直流電源回路

◆◆◆◆◆◆ ステップ 1 ◆◆◆◆◆◆

1 図10.3（a）～（d）の回路で，全波整流回路として正しいものはどれか。

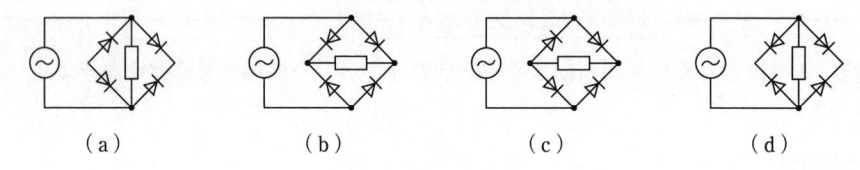

（a）　　　（b）　　　（c）　　　（d）

図10.3

答_____

2 図10.4（a）～（d）に示した回路図の中で，定電圧ダイオードを利用して R_L の両端の電圧を安定させているものはどれか。

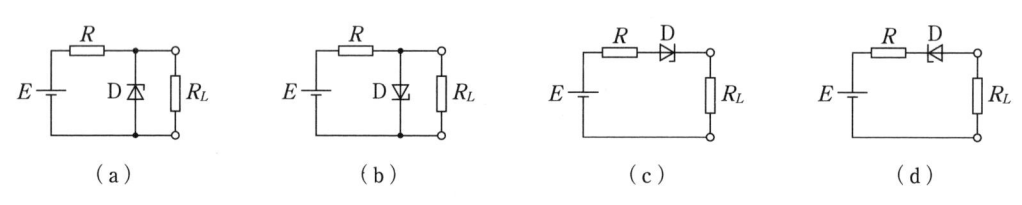

（a）　　　（b）　　　（c）　　　（d）

図10.4

答_____

3 図10.5の回路でコンデンサ C の電圧 V_C〔V〕はいくらか。

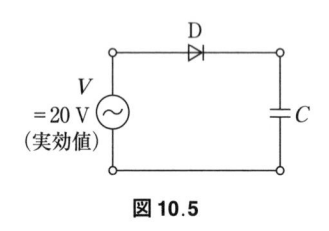

図10.5

答 $V_C =$ _____

4 図10.6のようなリプルのある電源のリプル百分率 γ を求める式を書きなさい。

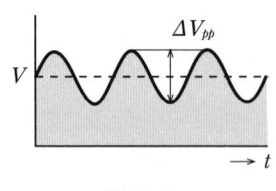

図10.6

答_____

□ **5** リニアレギュレータ方式とスイッチングレギュレータ方式の違いを**表10.1**に記入しなさい。

表 10.1

	リニアレギュレータ方式	スイッチングレギュレータ方式
特徴		
長所		
短所		

◆◆◆◆◆ ステップ 2 ◆◆◆◆◆

例題 1

図 10.7 の回路で，負荷電流 I_L が 0〜200 mA の間で出力電圧 V_o = 5 V（一定）にしたい。このときつぎの問に答えなさい。

(1) 定電圧ダイオード D のツェナー電圧 V_T はいくらか。

(2) R_0 を求めなさい。

(3) 定電圧ダイオード D および R_0 での最大消費電力を求めなさい。ただし，R_0 は（2）で求めた値とする。

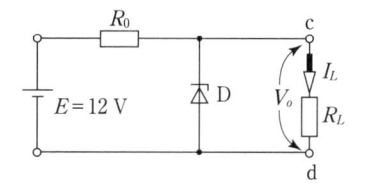

図 10.7

解答

(1) 定電圧ダイオードのツェナー電圧 V_T は，出力電圧に等しい。

$V_T = 5$ V

(2) 最大負荷電流のとき，$E - R_0 I_L > V_T$ であればよい。したがって，$R_0 = \dfrac{E - V_T}{I_L}$ で求める。

$\dfrac{E - V_T}{I_L} = \dfrac{12 - 5}{0.2} = 35\ \Omega$，したがって，$R_0 < 35\ \Omega$ であるから，$R_0 = 30\ \Omega$ である。

(3) ダイオード D での最大消費電力 P_D は，$I_L = 0$ のときである。そのとき D に流れる電流は $I_D = \dfrac{E - V_T}{R_0}$ であり，$P_D = V_T I_D$ である。また，抵抗 R_0 での最大消費電力 P_{R0} は，$R_0 I_{R0}^2$ で求められる。また，$I_{R0} = \dfrac{E - V_T}{R_0}$ である。

$I_D = \dfrac{E - V_T}{R_0} = \dfrac{12 - 5}{30} = 0.233$ A，　$P_D = V_T I_D = 5 \times 0.233 = 1.17$ W

$I_{R0} = \dfrac{E - V_T}{R_0} = \dfrac{12 - 5}{30} = 0.233$ A，　$P_{R0} = R_0 I_{R0}^2 = 30 \times 0.233^2 = 1.63$ W

10. 直流電源回路

1 図 10.8 のような三端子レギュレータ回路で使用されているコンデンサ C_1, C_2, C_3, C_4 を使用する目的をそれぞれ答えなさい。

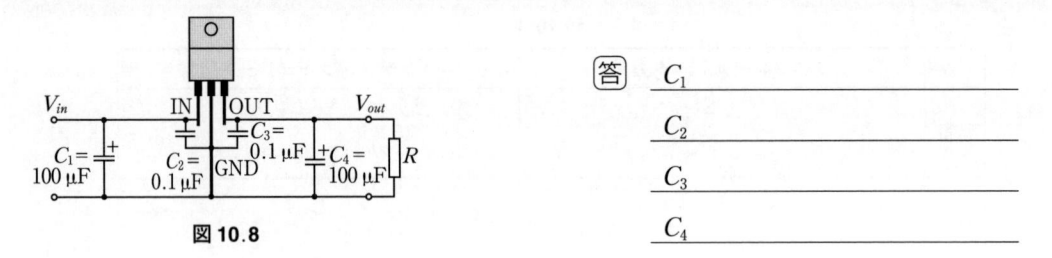

図 10.8

答　C_1 _____

　　C_2 _____

　　C_3 _____

　　C_4 _____

2 図 10.9 の回路でつぎの問に答えなさい。

（1）$R_L = 400\,\Omega$ のとき, I_R, I_D, I_L〔A〕を求めなさい。

（2）ダイオードDでの最大消費電力 P_{Dm}〔W〕を求めなさい。

（3）R_0 での消費電力 P_{RD}〔W〕を求めなさい。

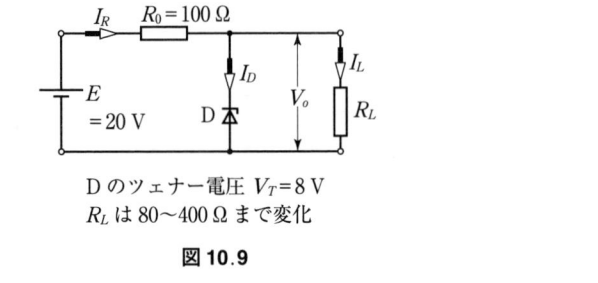

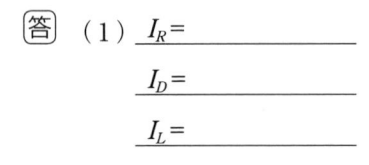

D のツェナー電圧 $V_T = 8\,\text{V}$
R_L は 80〜400 Ω まで変化

図 10.9

答　（1）$I_R =$ _____

　　　　　$I_D =$ _____

　　　　　$I_L =$ _____

　　（2）$P_{Dm} =$ _____

　　（3）$P_{RD} =$ _____

3 図 10.10 の回路でつぎの問に答えなさい。

（1）V_o〔V〕を求めなさい。

（2）$R_L = 10\,\Omega$ のとき, I_L〔A〕, I_B〔mA〕, I_{R1}〔mA〕, I_D〔mA〕を求めなさい。

（3）$R_L = 10\,\Omega$ のとき, トランジスタのコレクタ損 P_C〔W〕を求めなさい。

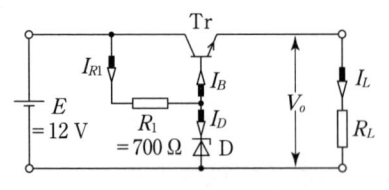

Tr の $h_{FE} = 400$, $V_{BE} = 0.6\,\text{V}$
D のツェナー電圧 $V_T = 5\,\text{V}$
R_L は 10〜250 Ω まで変化

図 10.10

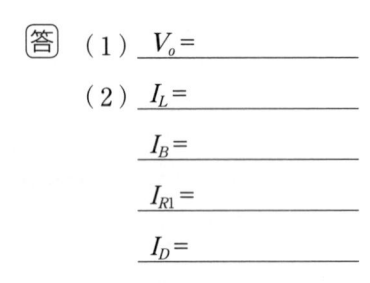

答　（1）$V_o =$ _____

　　（2）$I_L =$ _____

　　　　　$I_B =$ _____

　　　　　$I_{R1} =$ _____

　　　　　$I_D =$ _____

　　（3）$P_C =$ _____

ステップの解答

1. 電子回路素子

1.1 半導体
ステップ1
■（1）① シリコン　② ゲルマニウム
　　　　③ 抵抗率　④ 負
　（2）① 真性半導体　② 5　③ ドナー
　　　　④ 3　⑤ アクセプタ
　（3）① 電流　② 正孔　③ 自由電子
　　　　④ 正孔　⑤ 自由電子　⑥ 自由電子
　　　　⑦ 正孔　⑧ 正孔　⑨ 自由電子
　（4）① ドリフト　② 拡散　③ pn 接合
　　　　④ 空乏層

ステップ2
■ 真性半導体 ①⑤　n 形半導体 ③④
　p 形半導体 ②⑥

1.2 ダイオード
ステップ1
■（1）① 整流作用　② pn 接合
　　　　③ アノード　④ カソード
　　　　⑤ カソード　⑥ アノード
　　　　⑦ 0　⑧ ∞
　（2）① 順電圧　② 逆電圧　③ 降伏現象
　（3）① 定電圧ダイオード
　　　　② 可変容量ダイオード
　　　　③ 発光ダイオード
　　　　④ レーザダイオード
　　　　⑤ ホトダイオード

ステップ2
■ $R = 147\,\Omega$
■（1）$I_D = 3.5\,\text{mA}$
　（2）① $I_D = 10\,\text{mA}$
　　　　② $I_D = 9.13\,\text{mA}$　③ $I_D = 9.13\,\text{mA}$
■ $R = 100\,\Omega$

1.3 トランジスタ
ステップ1
■（1）① 増幅作用　② スイッチング作用
　（2）① コレクタ　② エミッタ
　　　　③ ベース　④ コレクタ
　　　　⑤ コレクタ　⑥ ベース
　　　　⑦ 直流電流増幅率
　（3）① 静特性　② 電流伝達
　　　　③ 入力　④ 出力　⑤ 電圧帰還
　（4）① h パラメータ　② 電流増幅率
　　　　③ 入力インピーダンス
　　　　④ 出力アドミタンス
　　　　⑤ 電圧帰還率

ステップ2
■（1）$I_B = 50\,\mu\text{A}$
　（2）$I_B = 40\,\mu\text{A}$, $I_C = 7.2\,\text{mA}$, $h_{FE} = 180$
■（1）$I_C = 2.67\,\text{mA}$　（2）$I_B = 16.7\,\mu\text{A}$
　（3）$V_{BE} = 0.66\,\text{V}$　（4）$P_C = 13.4\,\text{mW}$

1.4 電界効果トランジスタ
ステップ1
■（1）① 電界効果トランジスタ
　　　　② ベース　③ コレクタ
　　　　④ ゲート　⑤ ドレーン
　　　　⑥ バイポーラ　⑦ ユニポーラ
　（2）① 伝達特性　② 出力特性
　　　　③ 相互コンダクタンス
　（3）① エンハンスメント
　　　　② デプレション

ステップ2
■ $\Delta V_{GS} = 0.5\,\text{V}$
■（1）$I_D = 4\,\text{mA}$, $V_{DS} = 2\,\text{V}$
　（2）$I_D = 2.1\,\text{mA}$, $V_{DS} = 5.8\,\text{V}$

1.5 集積回路
ステップ1
■（1）① 集積回路　② モノリシック

③ ハイブリッド
（2）① トランジスタ ② C-MOS
　　　③ TTL ④ TTL ⑤ C-MOS

ステップ2

1 （1）SOP 形　（2）SIP 形
　　（3）TO-5 形　（4）DIP 形

2 $R = 330\,\Omega$

2. 増幅回路の基礎

2.1 簡単な増幅回路

ステップ1

1 （1）① 振幅　② 増幅　③ 交流　④ 直流
　　（2）① バイアス　② 直流回路
　　　　③ バイアス回路
　　　　（②，③は逆でもよい）
　　（3）① 交流回路

ステップ2

1 解図 2.1

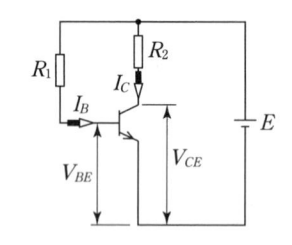

（a）直流回路（バイアス回路）

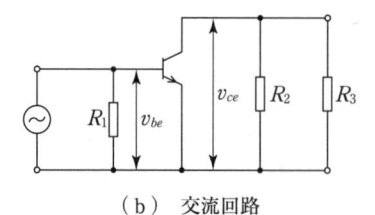

（b）交流回路

解図 2.1

2 （1）$V_{BE} = 0.6\,\text{V}$, $I_B = 5.25\,\mu\text{A}$,
　　　　$V_{CE} = 4\,\text{V}$, $I_C = 0.735\,\text{mA}$
　　（2）$V_i = 20\,\text{mV}$, $V_o = 2\,\text{V}$
　　（3）$A_V = 100$ 倍

2.2 増幅回路の動作

ステップ1

1 （1）① 特性図　② h_{FE}
　　（2）① 動作点　② 中心
　　（3）① $\dfrac{1}{R_1}$　② $\dfrac{E}{R_1}$　③ $\dfrac{1}{R_2}$　④ $\dfrac{E}{R_2}$

2 ① 6　② 10　③ 46　④ 1 000　⑤ 3
　　⑥ 100　⑦ 23　⑧ 1×10^6

ステップ2

1 $I_B = 10\,\mu\text{A}$, $I_C = 1.5\,\text{mA}$, $V_{CE} = 3\,\text{V}$

2 （1）$I_B = 20\,\mu\text{A}$, $I_C = 2\,\text{mA}$, $V_{CE} = 4\,\text{V}$
　　（2）交流回路は**解図 2.2**。

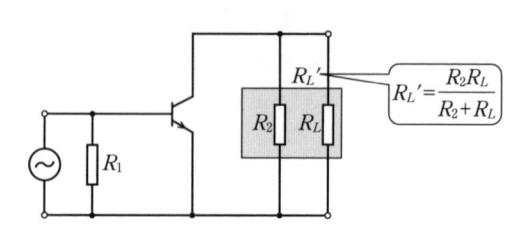

解図 2.2

$R_L' = 2\,\text{k}\Omega$

（3）傾き $= -\dfrac{1}{R_L'} = -\dfrac{1}{2 \times 10^3}$ から**解図 2.3**
　　　のとおり。

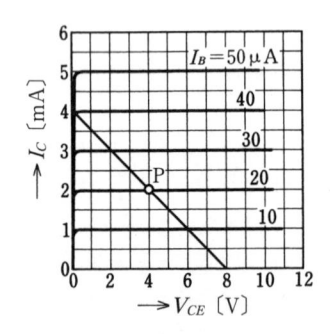

解図 2.3

（4）i_B は $I_B = 20\,\mu\text{A}$ を中心に ±10 μA 変化
　　　i_C は $I_C = 2\,\text{mA}$ を中心に ±1 mA 変化
　　　v_{CE} は $V_{CE} = 4\,\text{V}$ を中心に ±2 V 変化
（5）$A_V = 100$ 倍, $G_V = 40\,\text{dB}$

3 （1）$v_{be} = 10\,\text{mV}$　（2）$i_b = 12.5\,\mu\text{A}$
　　（3）$i_c = 2.5\,\text{mA}$　（4）$R_L' = 1\,\text{k}\Omega$
　　（5）$v_{ce} = 2.5\,\text{V}$
　　（6）$A_V = 250$ 倍, $G_V = 48\,\text{dB}$

❹ 3段
❺ $V_i = 10$ mV

2.3 トランジスタの等価回路とその利用
ステップ1
❶（1）① 等価回路　② h パラメータ
　　　　③ 簡易等価回路
　（2）① 交流　② 小さな　③ 動作
　　　　④ バイアス

ステップ2
❶ $A_V = 143$ 倍
❷（1）$I_B = 3.86$ μA, $I_C = 1$ mA,
　　　　$V_{CE} = 4$ V
　（2）$h_{ie} = 3.6$ kΩ, $h_{fe} = 260$, $h_{oe} = 5$ μS
　（3）$A_V = 108$ 倍, $A_I = 260$ 倍,
　　　　$A_P = 28\,100$ 倍
❸（1）① R_1　② h_{ie}　③ $h_{FE}I_B$　④ R_2
　（2）$Z_i = 30$ kΩ　（3）$Z_{i0} = 28.2$ kΩ
　（4）$Z_{o0} = 1.2$ kΩ

2.4 バイアス回路
ステップ1
❶（1）① 周囲温度　② 温度　③ 熱暴走
　　　　④ 雑音　⑤ ひずみ
　　　　（④, ⑤は逆でもよい）
　（2）① 低下　② 並列　③ バイパス

ステップ2
❶ $R_1 = 85$ kΩ
❷ $I_B = 20$ μA, $I_C = 4$ mA, $V_{CE} = 2$ V
❸ $R_1 = 350$ kΩ, $R_E = 1$ kΩ
❹ $I_B = 12.5$ μA, $I_C = 2.5$ mA, $V_{CE} = 4$ V
❺ $R_1 = 16$ kΩ, $R_2 = 8$ kΩ, $R_E = 1.5$ kΩ
❻ $I_B = 12.5$ μA, $I_C = 2.5$ mA, $V_{CE} = 5$ V

2.5 増幅回路の特性変化
ステップ1
❶（1）① 周波数　② 3
　　　　③ 低域遮断周波数
　　　　④ 高域遮断周波数
　　　　⑤ 周波数帯域幅
　（2）① 結合コンデンサ
　　　　② バイパスコンデンサ

　（3）① h_{fe}　② 小さく　③ 漂遊容量
　（4）① 飽和　② ひずみ
　　　　③ クリップポイント

ステップ2
❶ $f_{L1} = 111$ Hz, $f_{L2} = 3.18$ Hz
❷ $B = 99.8$ kHz
❸ $f = 750$ kHz
❹ $V_i = 15$ mV, $A_V = 283$ 倍, $G_V = 49$ dB
❺（1）$A_V = 94.8$ 倍, $G_V = 39.5$ dB
　（2）$f_{L1} = 26.5$ Hz, $f_{L2} = 4.13$ Hz,
　　　　$f_{ce} = 172$ Hz
　（3）$f_L = 172$ Hz
❻（1）$A_V = 60$ 倍, $G_V = 35.6$ dB
　（2）$C_E = 95.5$ μF

3. いろいろな増幅回路
ステップ1
❶（1）① 帰還　② 負帰還　③ 増幅度
　　　　④ 周波数　⑤ 温度
　（2）① エミッタホロワ　② 大きく
　　　　③ 小さい
　　　　④ 緩衝増幅器（またはバッファ）
　（3）① 負帰還　② 1

ステップ2
❶（1）$A = 19.5$ 倍　（2）$β = 0.004$
　（3）$V_f = 0.3$ V
❷（1）$A_0 = 85$ 倍　（2）$β = 0.0882$
　（3）$A = 10.0$ 倍　（4）$Z_i = 85.3$ kΩ
　（5）$Z_{i0} = 19.3$ kΩ
❸（1）① R_1　② R_{E1}　③ $h_{fe1}I_{b1}$　④ R_2
　　　　⑤ h_{ie2}　⑥ R_5
　（2）$R' = 6.32$ kΩ　（3）$A_1 = 11.6$ 倍
　（4）$A_2 = 108$ 倍, $A_0 = 1\,250$ 倍
　（5）$β = 0.0092$, $R_F = 10.8$ kΩ
❹（1）エミッタホロワ
　（2）$A = 0.992$ 倍　（3）$Z_{i0} = 139$ kΩ
❺（1）$R_L' = 8.1$ kΩ, $R_L'' = 0.865$ kΩ
　（2）$A_1 = 54$ 倍　（3）$A_2 = 12.5$ 倍
　（4）$A = 675$ 倍, $G = 56.6$ dB

4. 演算増幅器

ステップ1

❶ （1）① 差動増幅回路　② 雑音　③ 直流
　　　　④ 負帰還
　（2）① 差動　② 直流　③ 大きく
　　　　④ 小さい　⑤ 集積回路（または IC）
　（3）① 比較　② コンパレータ　③ 保護

❷ （c）

❸ （a）

ステップ2

❶ （1）$I_B = 7.08\,\mu\text{A}$, $I_C = 1.42\,\text{mA}$,
　　　　$V_{CE} = 9.80\,\text{V}$
　（2）$A_s = 50$ 倍　（3）$A = 100$ 倍

❷ （1）$R_1 = 180\,\text{k}\Omega$, $R_E = 10.5\,\text{k}\Omega$
　（2）$A_s = 150$ 倍　（3）$A = 300$ 倍

❸ $A = 25$ 倍（位相が反転する）

❹ $A = 31$ 倍

❺ （1）$R_2 = 1\,\text{k}\Omega$
　（2）$V_{R2} = E \times \dfrac{R_2}{R_1 + R_2} = 12 \times \dfrac{0.5}{1 + 0.5}$
　　　$= 4\,\text{V}$ から**解図 4.1** となる。

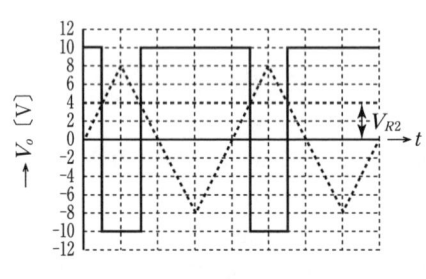

解図 4.1

5. 電力増幅・高周波増幅回路

5.1 電力増幅回路

ステップ1

❶ （1）① 変成器　② 電源電圧　③ 中央
　　　　④ 電力
　（2）① 2　② 0　③ 電力
　　　　④ クロスオーバ　⑤ ダイオード
　（3）① 50　② 2　③ 78.5　④ 0.203

ステップ2

❶ $R' = 144\,\Omega$

❷ $a = 3.54$

❸ $P_{om} = 1.69\,\text{W}$, $P_{DC} = 3.38\,\text{W}$, $P_{Cm} = 3.38\,\text{W}$

❹ $R_L' = 50\,\Omega$, $a = 2.5$

❺ A級シングル電力増幅回路において，理想最大出力電力は

$$P_{om} = \dfrac{E^2}{2R_L'}$$

また，直流出力電力 P_{DC} は，電源から流れ出る i_C の平均値が，ヒントの図のようになることから

$$P_{DC} = E \cdot \dfrac{E}{R_L'} = \dfrac{E^2}{R_L'}$$

したがって

$$\eta = \dfrac{P_{om}}{P_{DC}} = \dfrac{E^2}{2R_L'} \cdot \dfrac{R_L'}{E^2} = \dfrac{1}{2} = 0.5$$

❻ $P_{om} = 20.3\,\text{W}$, $P_{DC} = 25.9\,\text{W}$, $P_{Cm} = 4.12\,\text{W}$

❼ $P_{Cm} = 3.05\,\text{W}$

❽ $E = 12\,\text{V}$

❾ $P_{om} = 24.6\,\text{W}$

❿ B級プッシュプル電力増幅回路において，理想最大出力電力は

$$P_{om} = \dfrac{E^2}{2R_L}$$

また，直流出力電力 P_{DC} は，電源から流れ出る電流 i_C の平均値が，ヒントの図のようになることから

$$P_{DC} = E \cdot \dfrac{2}{\pi} \cdot \dfrac{E}{R_L} = \dfrac{2E^2}{\pi R_L}$$

したがって

$$\eta = \dfrac{P_{om}}{P_{DC}} = \dfrac{E^2}{2R_L} \cdot \dfrac{\pi R_L}{2E^2} = \dfrac{\pi}{4} = 0.785$$

5.2 高周波増幅回路

ステップ1

❶ （1）① 無線通信　② 同調回路
　（2）① 発振　② コレクタ出力容量
　　　　③ 電流増幅率
　　　　④ トランジション周波数
　（3）① 漂遊容量　② 接地

ステップ2

1 $Q = 50.6$

2 (1) $f_0 = 404$ kHz (2) $Q = 41.9$
(3) $B = 9.64$ kHz

6. 電力増幅回路の設計

ステップ1

1 (1) ① 損失 ② 定格
(2) ① 特性

ステップ2

1 (1) $E = 18$ V
(2) $I_{Cm} = 2.25$ A,
$V_{CEm} = 2E = 2 \times 18 = 36$ V,
$P_{Cm} = 3.05$ W （ケ）のトランジスタ
(3) $R_{E2} = R_{E3} = 0.47$ Ω
(4) $I_{C3} = 50$ mA, $V_{CE3} = 17.4$ V
(5) $R_3 = 360$ Ω
(6) $I_{Cm} = 100$ mA, $V_{CEm} = 2E = 36$ V,
$P_{Cm} = 0.87$ W （オ）のトランジスタ
(7) （イ）のトランジスタ
(8) $I_{C1} = I_{C2} = 0.8$ mA
(9) $R_1 = 47$ kΩ, $R_2 = 1.5$ kΩ,
$I_{E1} \fallingdotseq I_{C1}$ なので，$R_{E1} = 11$ kΩ
(10) $A_V = 55.0$, $\beta = 0.0182$
(11) $R_4 = 47$ kΩ, $R_5 = 910$ Ω
(12) $C_1 = 2.2$ μF, $C_2 = 100$ μF
(13) シリコンダイオードで，せん頭順電流が $I_{Cm3} = 50$ mA より大きいこと。

7. 発振回路

ステップ1

1 利得条件：増幅回路の増幅度を A, 帰還回路の帰還率を β とするとき，$A\beta > 1$ であること。
位相条件：帰還信号が，増幅回路の入力信号と同相であること。

2 （a）コレクタ同調形発振回路,
$$f = \frac{1}{2\pi\sqrt{LC}}$$
（b）ハートレー発振回路,
$$f = \frac{1}{2\pi\sqrt{L_0 C}}, \quad L_0 = L_1 + L_2 + 2M$$
（c）コルピッツ発振回路,
$$f = \frac{1}{2\pi\sqrt{LC_0}}, \quad C_0 = \frac{C_1 C_2}{C_1 + C_2}$$

3 移相形発振回路, $f = \dfrac{1}{2\pi\sqrt{6}\,RC}$

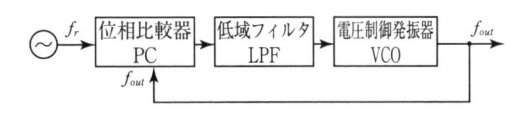

4 $f = \dfrac{1}{2\pi\sqrt{LC_{VI}}}$

5 解図7.1

解図7.1

ステップ2

1 交流回路は解図7.2。

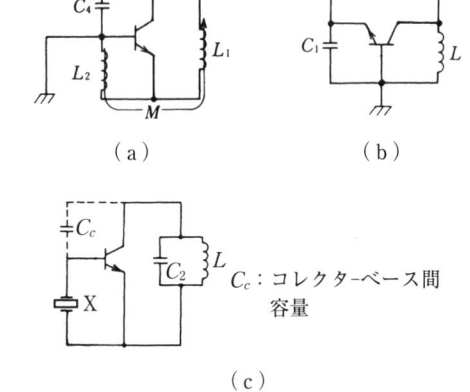

解図7.2

（a）ハートレー発振回路,
$$f = \frac{1}{2\pi\sqrt{L_0 C_4}},$$
$L_0 = L_1 + L_2 + 2M$
$M = \sqrt{L_1 L_2}$ から
$f = 559$ kHz

（b）コルピッツ発振回路,
$$f = \frac{1}{2\pi\sqrt{L_1 C_0}},$$
$C_0 = \dfrac{C_1 C_3}{C_1 + C_3} = 14.3$ pF から

$f = 1.88$ MHz

（c）水晶発振回路，$f = 40$ MHz

2 増幅回路の増幅度 $\dot{A} = \dfrac{\dot{I}_o}{\dot{I}_i} = h_{fe}$ （ⅰ）

帰還回路の増幅率 $\dot{\beta} = \dfrac{\dot{I}_{\beta o}}{\dot{I}_{\beta i}} = \dfrac{\dot{I}_{\beta o}}{\dot{I}_o}$ （ⅱ）

$\dot{I}_{\beta o} = -\dot{I}_c$ （ⅲ）

$\dot{I}_c \fallingdotseq \dot{I}_b \dfrac{R}{R + h_{ie} + jX_C}$ であるが，$h_{ie} \ll |X_C|$ の条件から

$\dot{I}_c \fallingdotseq \dot{I}_b \dfrac{R}{\dot{Z}_1}$ （ⅳ）

$Z_1 = R + jX_C, \quad X_C = -\dfrac{1}{\omega C}$

$\dot{I}_b \fallingdotseq \dot{I}_a \dfrac{R}{\dot{Z}_1 + \dot{Z}_2}$ （ⅴ）

$\dot{Z}_2 = \dfrac{jRX_C}{\dot{Z}_1}$

$\dot{I}_a = \dot{I}_o \dfrac{R(\dot{Z}_1 + \dot{Z}_2)}{\dot{Z}_1(\dot{Z}_1 + \dot{Z}_2) + R(jX_C + \dot{Z}_C)}$ （ⅵ）

式（ⅳ），（ⅴ），（ⅵ）から

$\dot{I}_c = \dot{I}_o \dfrac{R^3}{Z_1^{\,2}(\dot{Z}_1 + \dot{Z}_2) + R\dot{Z}_1(jX_C + \dot{Z}_2)}$

$= \dfrac{R^3}{\dot{Z}_1^{\,3} + \dot{Z}_{12}\dot{Z}_2 + jRX_C\dot{Z}_1 + R\dot{Z}_1\dot{Z}_2}$ （ⅶ）

$\dot{Z}_1^{\,3} = (R + jX_C)^3$
$\quad = (R^3 - 3X_C^{\,2}R) + j(3X_CR^2 - X_C^{\,3})$

$\dot{Z}_1^{\,2}\dot{Z}_2 = (R + jX_C)^2 \dfrac{jRX_C}{R + jX_C}$
$\quad = -RX_C^{\,2} + jR^2X_C$

$\dot{Z}_1\dot{Z}_2 = jRX_C$ であるから，式（ⅶ）は

$\dot{I}_c = \dot{I}_o \dfrac{R^3}{R^3 - 5X_C^{\,2}R + j(6X_CR^2 - X_C^{\,3})}$ （ⅷ）

したがって，式（ⅱ），（ⅲ），（ⅷ）から

$\dot{\beta} = -\dfrac{\dot{I}_c}{\dot{I}_o}$

$\quad = -\dfrac{R^3}{R^3 - 5X_C^{\,2}R + j(6X_CR^2 - X_C^{\,3})}$ （ⅸ）

式（ⅰ），（ⅸ）から

$\dot{A}\dot{\beta} = -\dfrac{h_{fe}R^3}{R^3 - 5X_C^{\,2}R + j(6X_CR^2 - X_C^{\,3})}$

虚部 $= 0$ という条件から

$6X_CR^2 - X_C^{\,3} = 0$

よって，$\sqrt{6}\,R = |X_C|$ … 位相条件

この位相条件が満たされたとき，$A\beta$ は

$A\beta = -\dfrac{h_{fe}R^3}{R^3 - 30R^3} = \dfrac{h_{fe}}{29}$

したがって，$h_{fe} \geqq 29$ … 利得条件

3 $f = \dfrac{1}{2\pi RC}, \quad \dfrac{V_o}{V_f} = 3$

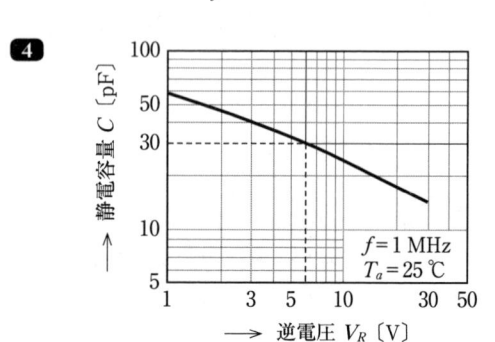

4

解図 7.3

解図 7.3 から $C_{VI} = 30$ pF，また $L = 0.5$ mH から $f = 1.3$ MHz

8. パルス回路

ステップ1

1（1）① スイッチ　② ベース-エミッタ
　　　③ コレクタ-エミッタ

（2）① $\dfrac{E}{R}$　② 0　③ 飽和　④ 0
　　　⑤ E　⑥ 遮断

（3）① 微分　② 積分

2（1）（d）（2）（e）（3）（f）
　　（4）（b）（5）（c）

ステップ2

1（1）OUT1 と OUT2 の概略は**解図 8.1**。
　　　（OUT1 と OUT2 は逆でも可）
　　　周期 $T = 4$ ms

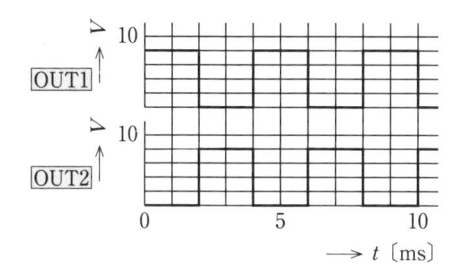

解図 8.1

周波数 $f = \dfrac{1}{T} = 250\,\text{Hz}$

(2) $R_{B1} = 145\,\text{k}\Omega$, $R_{B2} = 87\,\text{k}\Omega$

(3) $C_2 = 0.01\,\mu\text{F}$

❷ (1) $T = 2.2\,\text{ms}$, $f = 455\,\text{Hz}$

(2) $R = 22.7\,\text{k}\Omega$

❸ (1) ① (c) ② (b) ③ (a)

(2) ① (b) ② (a) ③ (c)

❹ 解図 8.2

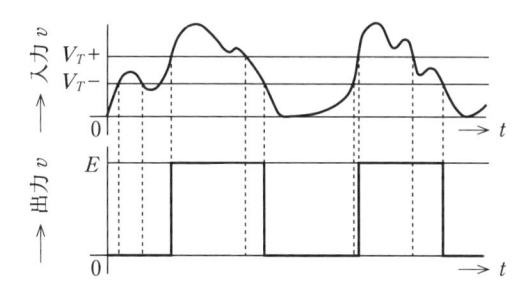

9. 変調・復調回路

ステップ 1

❶ 解図 9.1

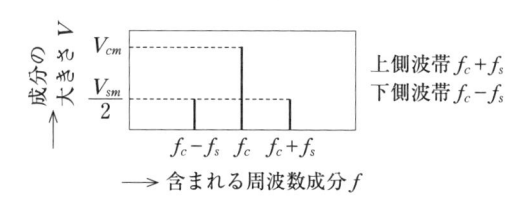

解図 9.1

❷ $B = 2f_{sm}$

❸ $m = \dfrac{V_{sm}}{V_{cm}} \times 100\,[\%]$

❹ 解図 9.2

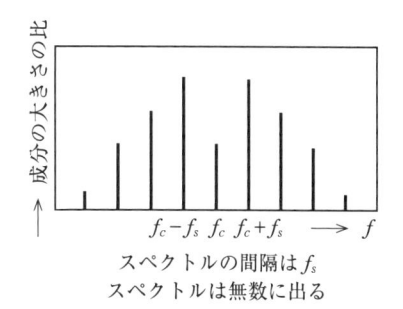

スペクトルの間隔は f_s
スペクトルは無数に出る

解図 9.2

ステップ 2

❶ $B = 9\,\text{kHz}$

❷ $B = 190\,\text{kHz}$

❸ $m = 15\,\%$

❹ $m = 25\,\%$

❺ $m = 60\,\%$

❻ 解図 9.3

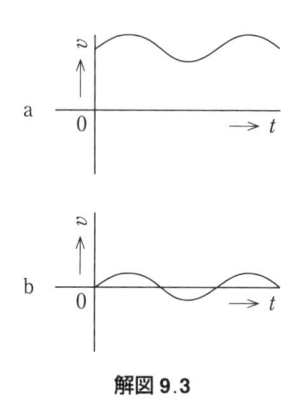

解図 9.3

10. 直流電源回路

ステップ 1

❶ (c)

❷ (a)

❸ $V_C = 28.2\,\text{V}$

❹ $\gamma = \dfrac{\Delta V_{pp}}{V} \times 100\,[\%]$

❺ 解表 10.1

ステップ 2

❶ C_1 … 電源による変動を抑える。

C_2, C_3 … 発振防止用

解表 10.1

	リニアレギュレータ方式	スイッチングレギュレータ方式
特徴	(入力電圧 − 出力電圧)×(電流) を熱として消費する。	トランジスタのスイッチング作用を利用し動作する。
長所	安定度がよい。応答速度が速い。リプル電圧が低い。	熱損失する電力が少ない。電源装置の小形・軽量化ができる。
短所	熱として放出される電力損失が大きい。効率が悪い。	ノイズを発生しやすい。安定度に影響を与える。

C_4 … 負荷による変動を抑える。

2 (1) $I_R = 0.12$ A, $I_D = 0.1$ A, $I_L = 0.02$ A
 (2) $P_{Dm} = 0.8$ W (3) $P_{RD} = 1.44$ W

3 (1) $V_o = 4.4$ V
 (2) $I_L = 0.44$ A, $I_B = 1.1$ mA, $I_{R1} = 10$ mA, $I_D = 8.9$ mA
 (3) $P_C = 3.34$ W